研究留学のすゝめ！

Finding Your Best Way!

渡航前の準備から留学後のキャリアまで

編集
UJA
（海外日本人研究者ネットワーク）

編集協力
カガクシャ・ネット

羊土社 YODOSHA

【注意事項】本書の情報について

　本書に記載されている内容は，発行時点における最新の情報に基づき，正確を期するよう，執筆者，監修・編者ならびに出版社はそれぞれ最善の努力を払っております．しかし科学・医学・医療の進歩により，定義や概念，技術の操作方法や診療の方針が変更となり，本書をご使用になる時点においては記載された内容が正確かつ完全ではなくなる場合がございます．また，本書に記載されている企業名や商品名，URL等の情報が予告なく変更される場合もございますのでご了承ください．

はじめに

Unless a grain of wheat falls into the earth and dies, it remains alone; but if it dies, it bears much fruit. ―*John 12：24, New Testament*

1粒の麦は何もなければ1粒のままである．地に落ちて死ぬことで，多くの実を結ぶ ―*ヨハネによる福音書12章24節，新約聖書*

　あなたが経験してきた出会い，これから経験するたくさんの出会い．これらは時に大きなうねりとなります．

　2014年6月．米国シンシナティの私のもとに，実験医学誌編集部の尾形さんから1通のメールが届きました．留学に悩める方に，私の視点で留学について解説しエールを送る短期連載依頼のお話でした．私自身，留学では家族を巻き込んでいろいろな失敗をしました．私が学んだことを，留学を考える方に活かしてもらえればと，2つ返事でお受けしました．

　しかし，時間が経つにつれ，たいへんなことを引き受けてしまったことに気づきました．考えてみると，留学は，ひとりの経験知では補いきれない多様性があります．私の体験や考えは，本当に役にたつ留学情報となるだろうか．実際，私の留学を思い返すと，知人や本から得た情報は，私のケースに当てはまらないものも多く，誤認識はトラブルの原因となりました．私は頭を抱えました．

◆　◆　◆

　どうすれば，留学の多様性をふまえて，経験知を役立てていただけるだろう？私は，UJAの世話人の方々に相談しました．7月，40回を超える大陸を越えたやりとりのなか，いろいろなアイデアがスパークし，私たちはとうとう答えを見つけました．答えは，私たち研究者自身のなかにありました．一人ひとりの留学のケースに当てはまる留学ガイド．――留学を体験した仲間の経験知を集め，伝えていくシステムをつくろう．それにより，留学の各ステップについて，幅広いケースに触れていただき，ご自身に還元してもらおう．場所と時間を越

えて，研究者のキャリアを支援していこう！

私たちは走りだしました．そうして始まったのが，実験医学誌の連載「留学のすゝめ！」，そしてUJAウェブコンテンツ「Finding Our Way – 留学体験記 –」でした．UJA編集部のメンバーで編集・執筆した留学のノウハウ記事は全8回にわたり実験医学誌上に連載され，ウェブコンテンツに寄せられた留学体験記は約2年半の間に100を超えました．留学したての研究者からノーベル賞受賞者の山中伸弥先生まで，留学体験者の活きた情報 – 知の種 – が世界中から集まったのです．

実験医学誌の連載を終えた2015年12月，UJA編集部のメンバーは神戸で開催された日本分子生物学会年会・日本生化学会大会合同大会に集結しました．「留学のすゝめ」と題したフォーラム企画を主催し，今まさに留学を希望している方々が何に悩んでいるのか，一人ひとりにヒアリングをしました．「留学先はどうやって選ぶのか」「留学先からオファーをもらうにはどうすればよいのか」「留学先での子育てはどうすればいいのか」「どんな助成金があるのか」「留学後のキャリアはどう切り拓くのか」──留学体験記が百人百様であるように，彼ら・彼女らの悩みも百人百様でした．そのなかには，連載時には解説しきれなかったこともありました．

私たちが次にするべきことは，すぐに決まりました．実験医学誌の連載，留学体験記を1つにまとめ，より多くの留学希望者の「悩み」に応えるチャプターを加えた単行本をつくりあげるべく，私たちは再び動き出しました．理系大学院留学を支援する「カガクシャ・ネット」の武田さん，杉村さんにもご賛同いただき，本書『研究留学のすゝめ！』の企画がスタートしました．東京，大阪，愛媛，兵庫，神奈川，ボストン，アナーバー，シンシナティ，サンディエゴ，サンフランシスコ，パドヴァ（イタリア）……各都市をつないだビデオ会議で幾多の編集会議を重ね，ついに本書が誕生しました．

1つの植物の種からは多くの実がなります．私たちの"知の種"も同じです．知の種はあなたに芽吹き，あなたの土壌に合わせた花を咲かせ，たくさんの実を結び，あなたの糧となります．それは，留学の各場面を多角的に考え選択する力，困難をチャンスに変える糧となります．

　先輩の方々をはじめ私たちのサイエンスとあなたへの思いを載せた本書から，あなたのなかに多くの知の種が芽生え，留学の決断や研究生活に活かし，あなたが人生を歩む力となれば，これほど嬉しいことはありません．私たちは，世界中から，時を超えて，心からあなたを応援しています．本書を手にとってくださりありがとうございます．本書を通してあなたに出会えたことに感謝いたします．

　あなたには数々の出会いと無限の可能性，選択肢があります．あなたの通った道に，花が咲きたくさんの実がなります．そして得られた知の種は，また別の方に渡すことで，そこで芽吹くことができるのです．知の種は，いくら渡しても尽きることのない種です．世界中に知の花を咲かせることができるのです．さあ一緒に旅を始めましょう！

2016年10月

UJA会長　佐々木敦朗

研究留学のすゝめ！ 目次概略

イントロダクション
- 第0章 あなたにとって必要な留学情報は何でしょうか？

留学準備 編
- 第1章 メリットとデメリットを知り目標を定める
- 第2章 留学の壁と向き合い，決断をする
- 第3章 自分と向き合い，留学先を選ぶ
- 第4章 留学助成金を獲得する
- 第5章 オファーを勝ちとる① 〜留学希望ラボへのコンタクト，アプリケーションレター
- 第6章 オファーを勝ちとる② 〜CV, 推薦書, インタビュー

留学開始〜留学中 編
- 第7章 生活をセットアップする
- 第8章 人間関係を構築する① 〜ラボでの人間関係
- 第9章 人間関係を構築する② 〜日常生活における人間関係
- 第10章 2-Body Problemを乗り越える

留学後期〜終了 編
- 第11章 留学後のキャリアを考える
- 第12章 留学後のジョブハント① 〜アカデミアポジション獲得術＜国内編＞
- 第13章 留学後のジョブハント② 〜アカデミアポジション獲得術＜海外編＞
- 第14章 留学後のジョブハント③ 〜企業就職術

外伝
- 第15章 大学院留学のすゝめ

付録
世界各地の日本人研究者コミュニティ

研究留学のすゝめ！
渡航前の準備から留学後のキャリアまで

contents

はじめに ……………………………………………………………………… 佐々木敦朗　3

イントロダクション

第0章　あなたにとって必要な留学情報は何でしょうか？ 　　佐々木敦朗　16

- **1** 「留学」への憧れ，憧れから決意へ …………………………………… 17
- **2** 情報の不足が招いた，波瀾万丈の海外ポスドク生活 ………………… 19
- **3** "あなたにとって"必要な留学情報は何でしょうか？ ………………… 21
- **4** 本書で，皆さんにお伝えしたいこと ………………………………… 22
- **Column**　仲間との出会いとUJAの創立 ……………………… 佐々木敦朗　24

留学準備 編

第1章　メリットとデメリットを知り目標を定める 　　佐々木敦朗　28

- **1** 留学経験者へのアンケート結果を分析しよう ………………………… 28
- **2** 留学の三大メリット：経験・つながり・語学力 ……………………… 29
- **3** 英語で伝える力を学ぶ ………………………………………………… 30
- **4** 人にして人を毛嫌いするなかれ：国際的研究者への成長 …………… 33
- **5** デメリットとメリットは表裏一体？ …………………………………… 35
- **6** 留学大失敗を招かないために：Aさんの体験談 ……………………… 38
- **7** 成功の鍵：夢と目標 …………………………………………………… 40
- **私の留学体験記①**　留学経験に導かれたiPS細胞研究 ……………… 山中伸弥　42

第2章　留学の壁と向き合い，決断をする 　　佐々木敦朗　44

- **1** 準備や努力，情報収集で解決できる問題 ……………………………… 45
- **2** 解決策を模索すべき問題：2BP（2-Body Problem）………………… 50

3 決断で大切なこと：留学意思決定の科学 ･･ 54
　Column Y先輩の苦労話 ･･･ 佐々木敦朗　57
　私の留学体験記② 留学のメリット・デメリットを考える ･･････････････････ 神田真司　58

第3章　自分と向き合い，留学先を選ぶ　　　　　　　　　　　佐々木敦朗　63

1 留学先で何を狙うのかを明確にする ･･ 64
2 留学先を探す ･･･ 65
3 留学先を考えるときに，調べておくべき5つの項目 ･････････････････････････････ 68
　私の留学体験記③ 留学夜話〜留学先の選び方 ･･････････････････････････ 宮道和成　74

第4章　留学助成金を獲得する　　　　　　　　　　　　　　　早野元詞　78

1 留学助成金の獲得に必要な条件を事前に知って計画する ････････････････････････ 78
2 留学助成金を探す ･･･ 81
3 申請書を作成する ･･･ 88
4 競争資金を獲得することのインセンティブ ････････････････････････････････････ 90
5 海外留学助成金の問題点 ･･･ 90
6 海外の大学・大学院への留学用奨学金および助成金について ･･････････････････････ 91
　Column 助成金ぱわー ･･･ 早野元詞　93
　私の留学体験記④ こんな僕，私でも留学できますか？ ･････････････････････ 齊藤亮一　94

第5章　オファーを勝ちとる①〜留学希望ラボへのコンタクト，アプリケーションレター　佐々木敦朗　97

1 希望先へのコンタクトのツボ ･･･ 98
2 強いアプリケーションレターの書き方 ･･･････････････････････････････････････ 101
　私の留学体験記⑤ 研究分野を変えてのイタリア留学 ･･････････････････････ 大森晶子　108

第6章　オファーを勝ちとる② 〜CV，推薦書，インタビュー　佐々木敦朗　112

1 CV（Curriculum Vitae）を書くポイント ･････････････････････････････････････ 112
2 推薦書（Reference Letter）の大切さ ･･･ 115
3 留学先とのインタビューのツボ ･･ 116
4 留学経験者・PIからのアドバイス ･･ 118
　私の留学体験記⑥ "Don't be trapped by dogma" ･･････････････････････ 山下由起子　122

留学開始〜留学中 編

第7章 生活をセットアップする　　川上聡経　126

1. 留学先での生活のスタート　127
2. アパートを借りる　132
3. 運転免許証の取得　134
4. 海外生活で役立つ情報　138

Column　苦難の路上試験　川上聡経　142
Column　当たり屋　川上聡経　143
私の留学体験記⑦　留学に消極的だった私の留学記録　井上梓　144

第8章 人間関係を構築する①　〜ラボでの人間関係　佐々木敦朗　147

1. なんてったって人間関係！　148
2. ボスとの関係 "It's still HOT!"　149
3. ボスとの相性　151
4. 人と人とのつながりを拓く3つの鍵　153

Column　国際社会にみるモテ指数　佐々木敦朗　159
私の留学体験記⑧　落ちこぼれ留学体験記　河野恵子　160

第9章 人間関係を構築する②　〜日常生活における人間関係　坂本直也　162

1. まずは「脱」外国語コンプレックス　163
2. 第一印象の大切さは万国共通： "First impressions are the most lasting"　163
3. 一期一会を逃さない会話術　166
4. 「脱」日本流人づきあい　169

Column　お国柄，国民性の多様性　坂本直也　171
私の留学体験記⑨　留学によって得られる"友"という宝物　大須賀覚　174

第10章 2-Body Problem を乗り越える　髙井菜美　178

1. 留学が決まってから渡米まで　178
2. アメリカでの生活：孤独とそこからの脱出　179
3. 研究留学に同行するかどうか　183
4. 話し合いと納得が大切　184

私の留学体験記⑩　ミシガン滞在記〜家族で日米行ったり来たり　三好知一郎，三好美穂　186

留学後期〜終了 編

第11章 留学後のキャリアを考える
佐々木敦朗 192

- **1**「日本に戻れなくなる」説は本当？ …… 193
- **2** 留学後も未来へ羽ばたくために …… 197
- **3** 独立の日本人たれ …… 200
- **4** 時を超えつながり拓くより豊かな未来へ …… 201
- **Column** 逆境をチャンスに変える …… 佐々木敦朗 205
- 私の留学体験記⑪ 君のがんばりは僕らの励み …… 五十嵐和彦 206

第12章 留学後のジョブハント① 〜アカデミアポジション獲得術＜国内編＞
坂本直也, 中川 草, 本間耕平, 今井祐記 210

- **1** やっぱり日本に帰りたい？ …… 210
- **2** ネットワーク（コネ）は結局大事 …… 212
- **3** 採用者側からみた, 国内アカデミックジョブハントの重要なポイント …… 214
- **4** 留学後にもとの所属に戻る場合 …… 216
- **Column** 日本で大学助教ポジションについたあるケース …… A氏（匿名）219
- **Column** 出来レース公募にご用心 …… B氏（匿名）220
- 私の留学体験記⑫ ある外科医の留学回想録 …… 森 正樹 222

第13章 留学後のジョブハント② 〜アカデミアポジション獲得術＜海外編＞
早野元詞 226

- **1** アメリカでのジョブハント …… 227
- **2** ヨーロッパ（ドイツ, フランス）でのジョブハント …… 230
- **3** 海外でのジョブハントに求められる共通スキル …… 233
- **Column** New investigatorの雑感 …… 柏木 哲 234
- 私の留学体験記⑬ 留学後の独立をめざして
  〜アメリカでの独立はハイリスク・ハイリターン …… 小林弘一 235

第14章 留学後のジョブハント③ 〜企業就職術
黒田垂歩 238

- **1** 留学後に企業で働くこと：企業へ移るのは都落ちなのか!? …… 238
- **2** ボストン留学を経て叶った「製薬会社での夢の実現」 …… 239
- **3** アカデミアと企業で優劣はつけられない …… 240

contents

4 留学後に企業に移った方のアンケート結果 ... 241
5 自分は企業へいくべき？ いくべきじゃない？ ... 243
6 どうやって企業に入るの？ ... 246
7 Ph.D.の選択肢としての企業就職 ... 248
8 アカデミアからの企業就職に関するアンケート結果 ... 249
Column ある研究者の企業就職術 ... C氏（匿名） 255
Column アメリカでの企業就職体験談 ... 門谷久仁子 256
私の留学体験記⑭「先生，ただ今戻りました」 ... 松井稔幸 258

外伝

第15章 大学院留学のすゝめ
武田祐史，杉村竜一 262

1 なぜポスドクからではなく大学院留学か ... 262
2 アメリカ大学院卒業後の進路 ... 265
3 卒業のタイミングとポスドクフェローシップの応募 ... 267
4 アメリカ大学院卒業後のポスドク探し ... 268
5 いつポスドクに区切り（見切り）をつけるか ... 271
6 アメリカ企業就職への険しい道 ... 272
Column 学生ビザとOPT，CPT ... 武田祐史 275
Column 大学院で得られる人脈 ... 武田祐史，杉村竜一 276
Column 元ラボメイトが面接官!? ... 武田祐史 277
私の留学体験記⑮ 海外大学院留学後のキャリアパス
　　　　　　　　〜Visionをもって，早くから準備を ... 杉村竜一 278
私の留学体験記⑯ 子連れネコ連れエジンバラ留学体験記 ... 小林純子 282

付録
世界各地の日本人研究者コミュニティ ... 289

おわりに ... 坂本直也 297

《編集・編集協力紹介》

編集

UJA
(United Japanese researchers Around the world：海外日本人研究者ネットワーク)

2012年，海外各都市にある日本人研究者コミュニティが連合し，設立．
世界に拡がる日本人研究者どうしがつながり，お互いに高め合うことを目的に，下記の3つのミッションを掲げて活動を行っています．

①留学を考える人へ情報・支援を提供する窓口の整備
②日本・国際舞台において活躍し続けるための相互支援とキャリアパスの透明化
③教育・科学技術行政機関との情報交換および連携

これまで，留学についての大規模アンケート，各学会での留学に関するフォーラム開催などを実施しているほか，ホームページでは留学体験談やキャリアアップに役立つ記事を随時掲載しています．また，さらに活動の幅を広げるべく，2016年6月にアメリカNPO法人，2016年8月に日本で法人を設立しました．

http://uja-info.org

編集協力

カガクシャ・ネット
(Kagakusha Network)

2000年発足．

大学院留学希望者および経験者のネットワークを築くことで，
①国内外の大学院教育についての理解の促進
②大学院留学の支援
③留学後のキャリア構築支援
を実行し，国際的に活躍できる人材を育成することで，日本の科学技術の未来に貢献する

以上のミッションを掲げ，活動を行っています．これまで，「理系大学院留学」（アルク社）の出版，メディアへの寄稿，メールマガジンの配信，メーリングリストの運営，イベントの開催などを通じて，情報配信・共有・交換，ネットワーキングの機会を設けています．

http://www.kagakusha.net

UJAホームページコンテンツ

Finding Our Way －留学体験記－

のご紹介

UJAでは，実際に研究留学を経験した方々に体験記を寄せていただき，ホームページで公開しています．

http://uja-info.org/findingourway/

留学がどのように決まって準備を進めたのか，実際の留学がどのようなものだったのか，そして帰国や次のキャリア・アップに際しての生の声が伝わってくる体験記です．
2016年10月現在，139本の記事が公開されています．これからも随時，掲載予定です．

以下のような内容の体験記をお読みいただけます．

- 留学前ドキドキ編
- 留学中編
- 企業留学編
- 家族・パートナーと留学編
- 海外独立編
- 帰国編
- 人と人との絆
- 留学後のキャリア編
- 「留学のすゝめ！」
  〔実験医学連載「留学のすゝめ！」
  （2015年5月号〜12月号）タイアップ記事〕

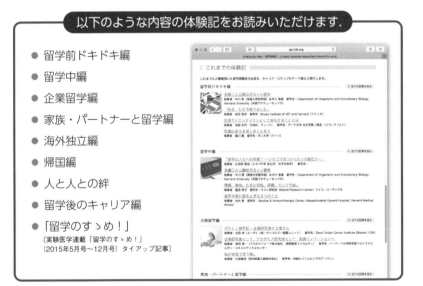

本書では，公開されている体験記のなかから章の内容に合ったものをピックアップし，「私の体験留学記」として各章末に掲載しています！　先輩方の経験を，皆さまの留学にお役立てください．

イントロダクション

イントロダクション

第0章
あなたにとって必要な留学情報は何でしょうか？

佐々木敦朗

　研究者として自立し生きていくなかで，いくつもの岐路があります．グローバル化の波が押し寄せ，日本の国際化が進むこれからを考えたとき，留学はキャリア形成を大きく左右する「研究者人生の大事な分岐点」です．留学に大きな可能性を感じる一方で，じつに多くの方が躊躇されています．自分にとっての「留学」がはたしてどのようなものか，イメージすることが難しいことに大きな原因があるようです．

　私たちが運営する海外日本人研究者ネットワーク（UJA）に寄せられるのは，「語学に自信がない」「留学先の探し方がわからない」「家族は現地になじめるか」「留学後に職を得ることができるのか」といった切実な悩みです．留学にはさまざまなケースがあり，予測の困難なものといえるでしょう．一方，留学することにより，国際的な感覚が備わり，英語で伝える力が磨かれ，生涯にわたる人的つながりを得られることが，UJAの行ったアンケートからわかっています．

　本書では，さまざまな事情や思いから留学に足踏みをされている大学院生や研究者に向けて，自分にとって最適な留学を考え，その第一歩を踏み出すための"処方箋"となる情報を提供していきます．

　　　はじめまして，UJA会長を務めております，シンシナティ大学の佐々木敦朗と申します．今でこそ，私はアメリカの大学でラボを主宰し，アメリ

カの研究費〔NIH（国立衛生研究所）-R01※〕を取得し研究をしていますが，かつての私にとって「留学」はとうてい縁のないものでした．大学から大学院修士課程までの6年間で，同級生，先輩に留学された方はおらず，周囲の留学経験者は教授とスタッフの先生方のみ．「留学」は教授となるような一部の選ばれた方がするものであり，研究テーマの基礎的なことに格闘している自分とは，次元を超えたギャップがあると思っていました．

1 「留学」への憧れ，憧れから決意へ

私の「留学」への意識は，大学院博士課程での幸運な出会いにより，大きく変わりました．私は研究のおもしろさ，そして指導教官となる吉村昭彦先生（現：慶應義塾大学医学部 教授）の人柄に惹かれ，久留米大学の博士課程への進学を決めました．妻の臨月が迫るなかでの進学でした．吉村先生は，准教授のときにアメリカマサチューセッツ工科大学（MIT）に留学され，1年の間にNature誌に論文を出され，37歳の若さで久留米大学の教授に就任されました．研究の何もかもをお見通しで，海外の研究者と英語で自由自在にやりとりされる，同じ人間と思えない超人的存在でした．

✲憧れが生まれた瞬間

ところが，吉村先生がラボのホームページに書かれた留学体験記「ボストン留学の思い出」（http://new2.immunoreg.jp/modules/pico_hint/index.php?content_id=12）から，先生が留学先を自分で探され，留学の不安と葛藤されていたことを知りました．講演や教授室で忙しく書きものをされ

※ NIH-R01
これがとれたら一人前の研究者と認められるグラント．通常5年間・約1億2千万円（間接経費は別途支給）が支給される．研究主体の大学では，研究費，ラボの人件費，そしてラボ主催者自身の給料は，グラントから得ることが前提となる．採択率は8～15％，R01をとれずに大学を去る教員も多い．

吉村先生（左）とドイツの研究所（Georg-Speyer-Haus）を訪問したときの思い出の1枚．大学院2年生，初海外

ている先生にも，自分たちと同じように，研究者としてのキャリアに悩みつつも研究されていた時代があったことは驚きでした．私のなかに，尊敬する先生がたどった道，すなわち留学への憧れが生まれた瞬間でした．

✼ 決意は突然に

その後，ラボの先輩方が次々に留学していきました．同じ釜の飯を食べて苦楽をともにした先輩方が，世界で渡りあっている話を聞くにつれ，「留学」への憧れはより身近なものになりました．さらに同じ年には，アメリカ共同研究者の博士研究員の方3名が研究所を訪れ，堂々と発表されました．その後，阿蘇山へ観光案内するとき，彼らは皆，ラボ主宰者をめざしていることを知りました．

そして大学院4年生の秋，免疫沈降用のサンプルを遠心しているときに，突如，留学への「憧れ」が「決意」に変わりました．若くてもチャンスがどんどん与えられるアメリカで，力試ししてみたい．私もアメリカで「独立」してみたい．突然の決意は，未来で大きく成長する期待感とともに体をめぐり，新たな力が湧いてきました．椅子から立ち上がり，こぶしを握り，大きく息を吸ったのを覚えています．

2001年，吉村先生と九州大学へ移ったときに，留学についてご相談しました．吉村先生は快く受け入れ，全面的にサポートしてくださりました，

シンシナティ大学での独立が決まり、吉村先生を訪問（2013年3月、慶應義塾大学にて）

今も感謝の念でいっぱいです．それから，留学に向けすべてがジェットコースターのように動き出しました．

2 情報の不足が招いた，波瀾万丈の海外ポスドク生活

＊留学から独立までの歩み

そして2002年，米国で独立することを目標に，家族4人でカリフォルニア大学サンディエゴ校（UCSD）へ留学しました．出発当日の朝4時まで日本のラボで研究をし，そのまま成田空港へ向かいました．今思えば，根性論としては◎ですが，留学の出だしとしては×です．ジェットコースターはスリリングで刺激的ですが，あまりの速さに，情報を得ることは実に難しいものです．

私は吉村先生の体験記，そして先輩3人の経験談だけを頼りに，性急ともいえる短期間の準備で留学しました．准教授で留学された吉村先生，そして医師として人生経験も貯蓄も豊富な先輩方の体験談は，29歳の自分と妻，5歳の息子と2歳の娘，貯蓄どころか育英会（現在の日本学生支援機構）の借金をもつ私とは，あまりに状況がかけ離れていました．**もう少しゆとりをもち，自分の状況に合う情報を広く得るべき**でした．

その後，2005年に家族で大陸を横断してボストンへ移り，セカンドポスドクとしてハーバード大学で研究を始めることになりました．カリフォルニアでの仕事も順調に動き出し，ボスからの大きな信頼も得てきた状況での珍しいケースだったと思いますが，独立する道を模索するための異動でした．そしてボストンで7年間のポスドク研究を続け，2012年にようやく，留学開始時からの目標であったアメリカでの独立ラボを構えることができました．

✻過去の自分に伝えたいこと

しかしここまでの10年間は，波瀾万丈のポスドク生活でした．準備の余裕がないままの文字どおりの体当たり留学で，家族を巻き込み，住居，車，子どもの学校，ラボ生活，ありとあらゆるピットフォールにはまりました．事前に情報をしっかり入手していれば，より円滑なスタートを切り，より充実したラボ生活を送ることができたことでしょう．過去の自分に伝えたいことがたくさんあります．

例えば，

- 留学をするしないにかかわらず，研究者のキャリアオプションとして留学について情報を早くから得ること．
- 国際的研究者となることを意識し，英会話の勉強を日常にとり入れること．
- 留学先の業績だけでなく，ボスのスタイルや，ラボの卒業生，周囲の方々の評判を調べ，自分と合うか考えること（Aさんに合っても，あなたに合うラボとは限らない）．
- アプリケーションレターは，自分がいかにそのラボにマッチするのか，アピールすること．そして，英語の堪能な方に誤字脱字をチェックしてもらい，海外でのキャリアがある方にも読んでもらうこと．
- サクセスストーリーだけでなく，留学での苦労，困難についてもどのようなケースがあるのか知ること．

- 留学の前から留学は始まっていると考え，自立した研究者をめざし多く学ぶこと．
- そして自分の経済状態，家族の状況を考え，生活の準備を前もってすること．
- 日本での研究のラストスパートは早めにかけること．
- 留学してからは，研究に加えて，セミナーやイベントにも積極的に参加し，胸襟を開き多くの人と学びあうこと．
- 留学における自分のゴールと時間を定めること．

その他にも，ここには書き切れないほどです．

3 "あなたにとって"必要な留学情報は何でしょうか？

　私たち研究者は，それぞれ異なる状況と将来への展望を描きながら，さまざまな場所へ留学します．したがって，抗体のV(D)J遺伝子再構成がごとく，留学体験は千差万別です．

　例えば，博士号を取得した直後の研究者と，スタッフとして研究をされている研究者では，留学に求めるプライオリティは異なります．独身研究者/彼氏・彼女交際中/夫婦2人/家族子連れ研究者では，住む場所，日々の食事，生活費，交友範囲，仕事とプライベートの時間配分などは，全く異なるものになります．さらに留学先の土地や研究室は，目を見開くほどあなたの研究，そして家族の生活に驚きのバリエーションをもたらします．どうでしょう，たった数例の体験談から，あなたに必要な留学の情報を得られるでしょうか？

✸ 多様な体験談をたくさん得よう

　あなたの留学を危険な賭けにしないためにも，**あなたのケースに参考に**

なる留学体験談を，できるだけ多く得ることが必要です．これによりはじめて，留学は身近なものとして感じられ，あなたの留学で起こりうる状況と適切な対処方法を知り，備えることができます．そして，あなたの留学の各ステージにおいて大事なことを意識し，時間を有効に使っていけます．

4 本書で，皆さんにお伝えしたいこと

✱ あなたにとってのベストな留学を考えよう

ところが，多くの方がこれまで情報不足に悩んでいます．そこで本書では，留学の大切なステップを大きく3つに分類して，あなたにとってのベストな留学を考えていきます．

「留学準備」編では，留学がもたらすメリットとデメリットをさまざまな視点から鑑み（第1章），英語力や経済的な不安など，あなたの疑問に答えを見つけていきます（第2章）．そして留学成功の最初の鍵である留学先選び（第3章），助成金の獲得（第4章），留学先から受け入れOKをもらうためのノウハウ（第5・6章）をシェアしていきます．

「留学開始～留学中」編では，はじめての土地で生活を開始するにあたって大切なポイント（第7章）とともに，ほとんどの留学経験者が留学の最大の恩恵の1つとしてあげる「留学先での人とのつながり」をテーマに，どうすれば生涯の財産となるすばらしい仲間をつくれるのか，そして留学時に何を積極的に行ったらよいかを考えます（第8・9章）．もしかすると，本書の読者のなかには，パートナーやご家族との留学を考えている方もいらっしゃるかもしれません．そんな方はぜひ，第10章にも目を通していただきたいと思います．

留学は，その後，数十年続くあなたのキャリアへのスタートラインともいえます．そこで「留学後期～終了」編では，留学を躊躇する多くの方の

不安要素である「留学後のキャリア形成」についてもディスカッションします（第11～14章）．

また，アジア諸国の多くの学生が，大学院からアメリカなどへ海外留学しています．彼らの多くは学位取得後，世界的な活躍をしています．大学院留学のもたらす恩恵とそのための道について，貴重な生の声を「外伝 大学院留学のすゝめ」（第15章）でお伝えします．

✱ 未来へ紡ぎ伝えていく留学体験記

また，これまでも多くの書籍や雑誌，インターネット（個人ブログ）で留学体験記が公開されてきましたが，紙媒体や個人のウェブのみでは限界があります．そこで私たちUJAでは，世界規模の留学体験記リソースを構築し，UJAウェブサイト「Finding Our Way – 留学体験記 –」（http://uja-info.org/findingourway/）にて掲載しています．史上初，私たち研究者で，未来へ紡ぎ伝えていく留学体験記です．これまでに，ノーベル生理学・医学賞を受賞された山中伸弥先生（京都大学iPS細胞研究所 所長）をはじめ130名の方に，ご自身の体験談をご寄稿いただいています．本書でも，これらのなかから特に反響の大きかったものを収録していますので，ぜひご一読ください．

諸先輩方が，なぜ海を渡り海外をめざしたのか，そしてその先に起こったドラマに触れてみてください．山中先生の留学中に訪れた機会，あなたと似た境遇の方が選んだ場所，留学先の暮らしの様子．活きた体験談は，あなたへ深く伝わります．留学がもたらす成長を知ることで，あなたは変化を受け入れることができます．留学中に起こる困難を知ることで，あなたには備えができます．留学で訪れるチャンスを知ることで，あなたは人生の重要な場面でそれらを活かすことができます．先輩たちの体験談は，あなたの内なるサイエンス魂と"科学"反応を起こし，あなたの進む道を照らす力となります．

So let's start your way!

仲間との出会いと UJA の創立

佐々木敦朗

　10年間のポスドクとしての留学生活で，多くのすばらしい友人との出会いに恵まれました．みな一生懸命に研究を行っていることは共通ですが，まさに100人100様の留学生活を送っており，それぞれの体験から得られる英知はかけがえのないものです．これらをより多くの仲間とシェアすることができれば，本当にすばらしいことだと感じました．

　カリフォルニアからボストンに異動し，1年経った2006年，先輩の岩槻健さん（現：東京農業大学 准教授）より「ものすごくいいやつがボストンにいるから，会ってみては」と，ハーバード公衆衛生大学院に留学されていた中村能久さん（現：シンシナティ小児病院 助教授）を紹介していただきました．サイエンスを熱く語りあえ，人柄も抜群の中村さんとの出会いは，私の人生を変えました．ご縁がご縁をよび，2007年の4月には，同じくボストンに留学していた梶村真吾さん（現：カリフォルニア大学サンフランシスコ校 助教授），古橋眞人さん（現：札幌医科大学 講師），そして中村さんとともに，互いをお祝いする会を開き，夜を通してサイエンスを語りあいました．

「いざよいの夕べ勉強会」の結成

　これがきっかけとなり，サイエンス大好きな仲間の集い「いざよいの夕べ勉強会」が結成されました．「いざよい」は，年齢・肩書きの垣根を超えて，とことん互いのサイエンスを高めあうコミュニティです．2007年〜2016年11月現在まで，67回の勉強会が行われています．勉強会では，夕方から深夜（ときには午前様）まで，さまざまな分野の方が集まり，ざっくばらんにディスカッションします．違う分野の方からの視点に，ひらめきが勉強会を走ります．こうしたひらめきから新たなコラボレーションが誕生し，すでにいくつものトップジャーナルへ

第24回いざよいの夕べ勉強会（2010年，ハーバード大学セミナールームにて）

第3回UJA総会（2015年3月，ワシントンDCにて）

成果が発表されています．

さらに「いざよい」では，アメリカでのグラント獲得の指南やジョブトークの練習も行われています．こうして仲間とさまざまなことを勉強しあうなか，はじめて私は，アメリカで独立するためには何が大切なのか，どうすればインタビューによばれ，オファーを勝ちとれるのかを学ぶことができました．このように，人と人とがつながることは，海外生活では特に大きな力となります．

日本人コミュニティの連携とUJA設立

「いざよい」だけでなく，世界各地には日本人コミュニティがあり，互いに切磋琢磨し助けあっています．コミュニティごとにさまざまな特色をもち，生活や海外での研究におけるノウハウを継承しています．

2012年の10月に，JSPS（日本学術振興会）ワシントンオフィスのサポートのもと，アメリカ東海岸のコミュニティの幹事が集い情報交換が行われました．各コミュニティが連携して，世界中でつながれば，これから留学する方々の大きな力になる．そして，各人が国際的研究者として成長するために相互支援し，キャリアパスを拡げていく力になる．また，こうした世界規模で日本人研究者がつながり，ボトムアップで政府へフィードバックするシステムは，日本の科学の発展への力になる．一同の思いが一致し，「海外日本人研究者ネットワーク」（United Japanese researchers Around the world：UJA）は設立されました．

UJAは，これまでに留学について，500名近くを対象とした大規模アンケートを行いました．これにより，留学の利点と問題点が照らし出されました．また，日本再生医療学会，日本癌治療学会，日本臨床外科学会，日本分子生物学会などで，留学に関するフォーラムを行ってまいりました．より多くの方々の力となり，これから30年，300年先の日本のサイエンスへ貢献していけるべく，UJAは2016年6月にアメリカNPO法人，そして2016年8月に日本で法人を設立しました．

第37回日本分子生物学会年会（2014年11月，パシフィコ横浜）にて，UJA主催の留学支援フォーラム「留学のすゝめ」の座長を務める佐々木（左）と谷内江（右）

フォーラムへ参加してくださった海外ポスドクの皆さん，そして留学をめざす学生さんと

留学準備 編

留学準備 編

第1章
メリットとデメリットを知り目標を定める

佐々木敦朗

留学は,自分の枠を取り払う最も簡単な方法です.そして,研究者として自立するための最も効果的な手段の1つです.留学をして得られる力は多岐にわたります.ところが,その恩恵に多くあずかれる人とそうでない人,留学に大満足する人と不満を感じる人がいます.このギャップを埋めるには,留学のメリットとデメリットを知ることが大切です.

留学により得られるメリットをあらかじめ知ることができると,あなたの留学の目標を明確にできます.目標は,留学という名の大海原での指針であり,留学の限られた時間を活かし,多くを達成するための鍵です.デメリットを知っておけば,うまく対処することができます.留学された諸先輩方の得たもの,反省点を知ることで,あなたは留学で最大限の恩恵を得ることができます.

1 留学経験者へのアンケート結果を分析しよう

研究留学を題材にした個々のブログや連載シリーズは少なからずあるものの,それは一部の発信力の高い方々の特別な記録かもしれず,はたしてあらゆるケースに一般化してよいものかわかりません.これまで,より網羅的な研究留学の実情を把握できるシステムはありませんでした.そこで

UJAは，2013年に留学経験者を対象に大規模アンケートを行いました．留学された際の動機（目標），成果，反省点について，非常に興味深い結果が出ています（「研究留学に関するアンケート2013」http://www.uja-info.org/2013mbsj/2013UJASurvey.pdf）．

本章では，このアンケート結果を分析しながら，あなたが留学で得られる恩恵について，一緒に考えていきましょう．

2 留学の三大メリット：経験・つながり・語学力

✲留学の動機は？

研究留学を経験した先輩たちは，何を目的として留学を志したのでしょうか？アンケートから得られた「留学の動機」の第1位と第2位は**"研究の幅を広げること"**と**"英語力・技術力の向上"**でした（図1左）．留学先で語学力と国際感覚を身に付けながら業績をあげ，自立した研究者として

研究留学開始時の動機は？
1位 研究の幅を広げること（76.9%）
2位 英語力・技術力の向上（55.2%）
3位 キャリアアップ（51.5%）

留学でなければ得られなかったものは？
1位 幅広い経験（89.6%）
2位 人的つながり（76.1%）
3位 語学力（73.1%）
4位 充実した生活（53.7%）
5位 よい研究成果（42.5%）
6位 キャリアアップ（38.1%）

図1 ● 研究留学の動機（目標）と実際のメリット
UJAによる「研究留学に関するアンケート2013」より作成

成長しポストを得る．多くの研究者が抱く"キャリアアップの王道"のイメージが，ここに反映されているように思います．

✱留学で得たものは？

では次に，先輩たちが実際に留学して得られたと感じたものは何でしょうか？アンケートによると，その第1位〜第3位は，**"幅広い経験"** と **"人的つながり"** そして **"語学力"** でした（図1右）．留学を経験した134名中，それぞれ120名（89.6％），102名（76.1％），98名（73.1％）の方がそれらを得られたと回答しています．当初の目的に沿った成果と，それに加え新たなものも得られているといえそうです．

3 英語で伝える力を学ぶ

英会話をはじめとした国際的なコミュニケーションを習得することは，研究者として大事な部分です．そこでこの点については，少し掘り下げて分析してみたいと思います．

✱議論の技法が発達しなかった日本

日本人の表現方法は，「語らぬ」「わからせぬ」「控える」「ささやかな」「まかせる」などが特徴で，受け手の解釈に大きく依存します．島国であるゆえ，歴史的に異なる言語や文化との接触の少なかった日本だからこそ培われたコミュニケーション方法とも考えられます．

全く逆に，欧米をはじめ大陸では，異なる言語，文化，宗教をもつ方々と交渉し議論するために，言葉での明確な表現力が発達しました．議論や演説は，個人そして社会のあり方を左右する最も重要なプロセスであるという考えから，欧米諸国では古くから議論や演説の技法が開発され伝承さ

れています．ところが，日本には古来，そうした技法は存在しなかったことを，幕末に太平洋を渡り，海外の文化や制度を日本へとり入れ世界への扉を開けた福沢諭吉先生は指摘しています．

> 演説とは英語にて「スピイチ」と言い、大勢の人を会して説を述べ、席上にて我思うところを人に伝うるの法なり。我国には古（いにしえ）よりその法あるを聞かず、…
> ——福沢諭吉「学問のすゝめ」（岩波文庫）十二編より

[現代語訳] 演説とは英語で「スピーチ」という。大勢の人を集めてわが意見を述べ、席上で自分の考えを発表することである。日本には昔からこの方法がなく、…

（岩波現代文庫）

✳︎言葉でのコミュニケーションは文章に勝る

そして，福沢諭吉先生は，コミュニケーションのもつ強い効果を説いています．

> 演説をもって事を述ぶればその事柄の大切なると否とは姑（しばら）く擱（お）き、ただ口上をもって述ぶるの際に自（おの）ずから味を生ずるものなり。譬（たと）えば文章に記せばさまで意味なき事にても、言葉をもって述ぶればこれを了解すること易くして人を感ぜしむるものあり。
> ——福沢諭吉「学問のすゝめ」（岩波文庫）十二編より

[現代語訳] 演説で意見を述べれば、その内容の大切か否かはひとまず

> 別としても，話それ自体に味が出るものである．たとえば，文章で書けばそれほど注意をひかぬことでも，口で話せばわかり易くて，人の心を動かす力がある．
>
> 　　　　　　　　　　　　　　　　　　　　　　（岩波現代文庫）

　このように，単なる文章以上に生の言語でのコミュニケーションは相手を納得させることができると，福沢諭吉先生は指摘しています．これは150年前だけでなく，今，私たちがサイエンスの営みを行ううえで，大切なことを鋭く言い当てています．英語の文章を文法的に正しく書けることと，より多くの人に影響を与えるコミュニケーションは大きな隔たりがあります．

　研究者の究極的な役割は，新しい発見や発明，考え方を全人類に伝え広めていくことです．同じような研究成果であっても，それがどのような意義をもつのか，新しい概念や展開をもたらしうるのかを印象的に伝えられるか否かで，その価値は大きく変わり，その先の新しい潮流を生み出す影響力が変わっていってしまいます．それは，例えば欧米諸国の論文や学会が依然として権威的な立場を占めていることに表れているといわざるをえません．

✱留学では世界基準のルールを実地で学べる

　日本にいると，こうした自分の弱点をうすうす知りつつも，学びとって実践することはなかなか難しいと思います．留学では，世界の人々の"強さ"を目の当たりにし，**コミュニケーションや議論における世界基準のルールを実地で学ぶ**ことができます．

　身に付けた国際感覚，英語で議論しアピールする力は，例えば論文をよりよいジャーナルに通しやすくする力ともなるでしょう．メジャーな学会には，あなたの論文を査読する可能性のある研究者や，科学ジャーナル各誌の編集者が参加しています．ポスターや講演を通じ，あなたの声で語りかけるだけで，文章だけでは伝えられないことも，深く伝えることができ

ます．

　アンケートの結果から，英語で伝える力・議論する力を学ぶことは，留学を通して達成できる目標であり，留学の最大の恩恵の1つといえます．日本のラボ生活では，論文は書けても英語でのディスカッションの機会は，なかなかありません．

4 人にして人を毛嫌いするなかれ：国際的研究者への成長

　次に，アンケート結果の第2位の"人的つながり"について解説したいと思います．留学開始時の動機にはあがっていないものの，留学を経験した76.1％の方が，実際の留学で得られた貴重な財産としてあげています．

✱苦労や悩みを共有して得られるつながり

　海外では，肩書きや年齢の垣根が低くなります．ファーストネームでよびあい，フラットな関係で会話できる環境は，健全なディスカッションを行いやすくします．**苦労や悩みを共有し情報を分かちあう**ことは，日本ではあまり深刻には感じにくいものですが，海外で生きるうえでは非常に大切なことです．こうして得られた人と人とのつながりは，海外留学で得られる最大の恩恵の1つです．

　福沢諭吉先生は，「学問のすゝめ」の締めくくりに，ざっくばらんに自分を出して人とのつきあいをし，立場や考え方や価値観の異なる方と交流する大切さを述べています．

…世界の土地は広く人間の交際は繁多にして、三、五尾の鮒が井中に日月を消するとは少しく趣きを異にするものなり。人にして人を毛嫌いするなかれ。

――福沢諭吉「学問のすゝめ」（岩波文庫）十七編より

[現代語訳]…世界の土地は広く、人間の交際は複雑多端なものだ。わずか数匹の鮒が、狭い井戸の中を唯一の天地として暮らすのとは事情がいささか違うのである。人間と生まれながら、同じ人類を、わけもなく忌み嫌うようなことがあってはなるまい。　　　　　（岩波現代文庫）

✳︎国際的研究者となって世界とつながる

　グローバリゼーションが世界を席巻する今，日本は第2の"開国"に迫られています．2014年，文部科学省はグローバル化に対応するため，高校の英語の授業は英語で行うことを基本とし，加えて英語での発表，討論，交渉の能力養成を目標とした英語教育改革を開始しました．そして，大学の国際化は待ったなしです．日本の大学は，海外教員や留学生の受け入れ拡大，英語による授業の導入など，大きな変革の渦中にあります．一方，企業のグローバル化も本格化し，世界的なマーケットへのアクセスと，それを担える人材の確保が，成長の鍵となっています．**留学で培われる国際感覚，英語で議論する力，そして世界規模のネットワークなどは，先の読めないこれからの世界を強く豊かに生き抜く，大きな武器となります．**

　留学経験での財産は，あなたの身のうちにとどまるものだけではありません．立場や年齢を超えた友人関係が世界に広がるのです．そのネットワークは，あなたが困難に陥ったときも，大きな飛躍を遂げるときにも，あなたの想像と限界を超える力になることでしょう．

5 デメリットとメリットは表裏一体？

✱留学すると日本に帰れなくなる？

一方で気になる"キャリアアップ"については，留学経験者134名のうち51名（38.1％）の方が達成されたものの，残りの方は想定どおりか，思わしくなかったということをアンケートは示していました（図1右）．

ここで，関連するアンケート結果をみてみましょう．留学経験者が考える「現在の留学の問題点」，すなわちその潜在的リスクについて，アンケートで得られた回答のトップは"日本に帰れなくなること"でした（図2）．日本でのポストを得ることに，留学経験者134名のうち実に75名（56.0％）の方が悩まれたことを示しています．国際感覚や語学は達成できる目標でしたが，キャリアについては，現実とのギャップがあることがわかります．

✱研究成果やキャリアは成功条件？

確かに研究成果やキャリアについては，こうすれば必ずうまくいく，というものではありません．例えば，トップジャーナルに論文を出すためには，世界の誰もできなかったことを達成しなければいけません．それに加えて分野のトレンドや所属ラボの名声，周囲のサポート，競合相手や編集

現在の研究留学の問題点は？

- 1位 日本に帰れなくなること（56.0％）
- 2位 経済的な苦しさ（38.1％）
- 3位 生活面でのストレス（37.3％）
- 4位 家族にかかる負担（35.1％）
- 5位 キャリアアップが遅れること（22.4％）
- 6位 リスクが大きく実質的な見返りは小さい（20.9％）

図2 ● 研究留学のデメリット
UJAによる「研究留学に関するアンケート2013」より作成

者の嗜好など，自分の実力や努力を超えたファクターが出てきます．キャリアアップも，自分に合ったポストがあるか，そしてオファーをいただけるかは，タイミングと受け入れ先との相性しだいです．

これらを"成功条件"として留学すると，それを達成できなかった場合，せっかくの留学が"人生の失敗"と感じられてしまい，本当に大切なことを見逃してしまうかもしれません．

論文が出ても，それがあなたの実力を反映していなければそのギャップに苦しむことになります．もし出せなかったとしても，研究者としての感性を磨きながらチャレンジを続ける力があれば，やがてチャンスがめぐる可能性も上がってきます．キャリアアップに関しても，あなたが一人前の国際的研究者であり，そのことを認めてもらえる知り合いのネットワークさえあれば，チャンスがめぐってくる可能性は高いといえます．留学先での交流や，学会への参加姿勢，そしてあなたのふだんからの心がけとふるまいしだいで，そのチャンスを大きく増やすことができます．

論文を出すことはもちろん大切ですが，私の個人的なアドバイスとしては，**自立した国際的な研究者として成長し，人的ネットワークを築くことが，留学において大事なこと**であり，キャリアアップへの唯一確実な方法と思います．

◆　◆　◆

余談ですが，私はこれまでの14年近くの留学で，実際に日本に帰れなくなった人をみたことがありません．一概にはいえませんが，「留学すると帰国できない」といった風評がどこか独り歩きしてしまっているようにも思います（第11章参照）．むしろ日本が国際化を推進している状況では，「留学しないと日本にいられなくなる」──そんなパラドックスな未来もあるかもしれません．

✳︎経済面・生活面・家族についての問題

　また，先ほどのアンケート結果（図2）では，留学のリスクとして"経済的な苦しさ"や"生活面でのストレス"，"家族への負担"などもあがっています．

　私も学生やポスドクとして久留米と博多にいたときは，毎日のお昼ご飯を外食して楽しんだものですが，留学では家計は一気に切迫します．渡航費からはじまって家賃や養育費など，日本よりも負担が大きい一方で収入は減るような場合も少なくなく，生活費を切り詰める必要が多くの方に出てきます．慣れない場所に慣れない言葉，そして経済的な窮屈さによるストレスが，あなただけでなく家族にも直撃する可能性が出てきます．

✳︎悩みがあるからこそ生まれる絆

　これらは留学での大きな悩みでもありますが，だからこそ，共同体として皆で知恵を共有し，生活を豊かに楽しくしていく工夫をすることで，かけがえのない絆が生まれます．

　例えば，保育所や学校，病院，お米やお味噌・魚が安く手に入る場所の情報交換，子どもの学校の送り迎えでの助け合いなど．また，持ち寄りでのホームパーティー（ポットラックパーティー）では，友人や家族が交流し心ゆくまで話し楽しみます．**こうして得られる家族，友人との絆は，一生の宝となります**．留学のデメリットがあるからこそ生まれるメリットともいえます．

6 留学大失敗を招かないために：Ａさんの体験談

アンケートでは，留学経験者134名中28名（20.9％）の方が"留学はリスクが大きく，実質的な見返りは小さい"と答えています（図2）．2割を超える，無視できない現状も照らし出されています．前述のデメリットも含むさまざまな事情があり，各ケースで処方箋が必要です．

✳ Aさんの場合

ここでは，実際の例としてAさんのお話を聞いてみましょう．Aさんは学位取得後，日本で1年半ポスドクをし，奥さんと子ども2人で渡米しました．

◆ ◆ ◆

死にものぐるいでした．日本から来た緊張感とキャリアへのプレッシャーから，毎日朝4時に家を出て必死で実験しました．"武士道とは死ぬことと見つけたり"とありますが，まさに武士道をもち込み，ひたすらベンチにはりついてすべてを実験にかけました．

なんとか1年7カ月で論文は出たのですが，気がつくと，ラボの同僚からは敬遠されていました．つきあいも悪く，自分中心に実験していたので，今思うと当然だと思います．ユダヤ人のボス，フランス，イタリア，韓国からのポスドク，台湾人のラボマネージャー，アメリカ人の学生にラボヘルパーと，非常にインターナショナルな環境であったにもかかわらず，ちゃんとした関係も築けませんでした．英会話については，週1回30分，チューターの方とセッションをもちましたが，これは日本の英会話学校でもできたことです．私は，ラボやフロアでの生きた英語を学ぶこと，そして生涯の盟友を得る機会を失ってしまいました．

「論文さえ出れば次のポジションから声がかかる」と思いこんでいたのですが，現実には自分自身で必死に探すことになりました．じつは私はアメ

リカで独立することを狙っていたのですが，留学して2年経っても，どうすれば独立できるのか全く知りませんでした．こうした情報は周囲の成功者から聞こえてくるものですが，私は閉ざされた空間をつくっていたのです．

　生活も苦労の連続でした．留学当初，日本の業者を信用してガソリンが漏れている故障車を買ってしまいました．道ばたで車が止まったりし，家族にはたいへん危険な思いをさせました．その家族との時間も少なく，家事や子どもの世話は妻に任せてしまい，妻と子どもたちには大きな負担をかけたと思います．

　もっと事前に情報を得て，現地で実際に研究生活をされている方にお話を伺って準備しておけばよかったと思います．もし留学をやり直せるならば，家族や友人との時間を大切にし，同僚をはじめ多くの方との交流を広げて自分の世界を広げたいと思います．

◆　◆　◆

　留学では，あなたが思う以上の相当のプレッシャーがかかります．留学での成果として論文を出すことは非常に大切です．しかしAさんは，留学で論文以外にも大事なことがあることを知りませんでした．Aさんは，業績さえ出せば道は拓けると思い込み，極端な方向へ走り，英語でのコミュニケーションを鍛える機会も，同僚との絆もふいにしてしまいました．2年半経っても，まともに英会話ができなかったそうです．

　ちなみにAさんとは，サンディエゴに留学したときの私です．情報不足と目標設定の未熟さが決定的原因でした．

✲先輩方の体験記があなたの留学をより豊かに

　UJAが行ったアンケートでは，留学経験者の反省点として**"準備不足"**と**"情報収集不足"**そして**"可能性の検討不足"**がトップ3にあがっています（図3）．ぜひ，本書やUJAウェブサイトに掲載された留学体験記を読ん

```
┌─────────────────────────────────────────┐
│   ご自身の研究留学に対する反省点は？        │
│                                         │
│  1位  もっと準備すべきだった（43.0％）      │
│  2位  もっと他の可能性も検討すべきだった（30.2％）│
│  3位  もっと情報が必要だった（27.9％）      │
└─────────────────────────────────────────┘
```

図3●研究留学の反省点
UJAによる「研究留学に関するアンケート2013」より作成

でみてください．留学を経験された方の一人ひとりが，あなたの留学がより豊かで充実したものとなるように貴重な体験をつづった，あなたへのメッセージです．

7 成功の鍵：夢と目標

「夢や目標をもたなければ，それを叶えることはできない」──これは人類が誕生してから現在まで続いている普遍の法則であり，豊かな人生をおくる秘訣として語り継がれています．

大学院に入るとき，今のポジションにつくときに，あなたが抱いた目標のいくつかは，すでに達成されたかもしれません．もしかすると，忙しい日常に忘れてしまっていたかもしれません．今回紹介した留学のメリットは，夢と目標があってこそ．夢と目標があれば，乗り越えるべきデメリットも自ずとみえてきます．

ぜひ，紙と鉛筆をもって，10分間，留学でのあなたの夢と目標を書き出してみてください．今でなくても，週末の少しゆっくりした10分間で十分です．きっと，あなたのこれからの10年間は，より豊かなものになります．現実的でなくても構いません．夢は大きくて当然．留学はあなたの思

考の枠をも大きく取り払ってくれます．そして，夢や目標をもてば，叶える道がみえてきます．

So let's find your goals!

私の留学体験記 ①

Finding our way

留学経験に導かれたiPS細胞研究

留学先 ● グラッドストーン研究所（アメリカ）
期　間 ● 1993〜1996年
誰　と ● 妻，子ども

山中伸弥（京都大学iPS細胞研究所）

　私は1993〜1996年まで，米国サンフランシスコにあるグラッドストーン研究所にポスドクとして留学しました．もともとは臨床医だったのですが，大学院（大阪市立大学医学部薬理学教室）で研究のおもしろさにめざめ，研究者をめざすようになりました．

　大学院では，阻害薬などを使ったいわゆる"古典的薬理学的"実験を行いました．しかし，薬物には効果も特異性も限界があります．そんななか，日本にも少しずつ導入されつつあったトランスジェニックマウスやノックアウトマウス技術は，私の眼に魔法のように映りました．留学して，遺伝子改変マウス技術などの分子生物学について本格的に学びたいと思いました．Nature誌やScience誌に掲載されていた求人に何十通と応募して，ようやく留学先を見つけることができました．

　グラッドストーン研究所では，アポリポプロテインB遺伝子のmRNAエディティングを行うAPOBEC1について研究を始めました．当初の目的はAPOBEC1の脂質代謝における役割を解明することでしたが，トランスジェニックマウスで過剰に発現させてみるとがんを誘発することがわかりました．全く予想外の結果に導かれてがん研究を始め，がん抑制遺伝子の可能性のある新しい遺伝子NAT1（Novel APOBEC1 target #1）を同定しました．ところが，NAT1遺伝子をノックアウトすると，マウス初期発生やES細胞の分化能に必須であることがわかったのです．再びの予想外の結果に導かれて，今度はES細胞研究を開始しました．そのことが，2006年に発表したiPS細胞の樹立につながりました．

留学で得たもの

　留学の3年間はこれまでの人生で最も充実した時間でした．遺伝子改変マウスに加えて，マイクロアレイ，大腸菌人工染色体，ESTデータベースの利用など，多くの最先端技術を学びました．日本に帰国してみると，それらの技術はまだあまり使われていませんでした．アメリカだけでなくヨーロッパ，アジア，オセアニアなどさまざまな国からの研究者と毎日遅くまで語りあい，ノーベル賞受賞者など世界最高レベルの研究者の方々とも研究について議論する機会にも恵まれました．同時期に留学した日本人研究者とは，今でも家族ぐるみの付き合いをさせていただいています．研究も一生懸命に行いましたが，家族や留学仲間たちとも素敵な思い出がいっぱいできました．恩師からは明確なビジョンをもつことの重要性を教えられました．このような経験や，多様な研究者と切磋琢磨できたことによって，自分の目が大きく開かれ，3年間で私の考え方は大きく変わりました．留学で得た技術，考え方，そして人脈が，iPS細胞開発の原動力となりました．

肌で感じることの大切さ

　iPS細胞の報告をした直後の2007年から，京都大学に加えて，グラッドストーン研究所でも再び研究を開始しました．もちろん，私の最大の目標は，日本でiPS細胞の医学応用を推進することです．京大iPS細胞研究所の所長として，30を超える研究チーム（2016年9月現在）に最高の研究環境を提供することに注力しています．その合間をぬって，毎月サンフランシスコに行き，数日間滞在しています．行ったり来たりの暮らしを7年以上続けています．毎月たったの数日ですが，私にとってなくてはならない貴重な時間です．アメリカの研究環境がダイナミックに変換していく状況を肌で感じ，論文になる前の最新の技術や成果を吸収することができます．インターネットから入手できる海外の情報は部分的であり，多くのまちがいも含まれています．自分の目で確かめる必要があります．まさに「百聞は一見にしかず」です．海外の研究者たちと実際に会って話すことにより，Eメールの交換やスカイプの会話では教えてくれない生情報を手に入れることができます．私の日米往復は，これからも続きます．

（掲載 2015/04/19，
http://uja-info.org/findingourway/post/1055/ を一部修正）

第2章
留学の壁と向き合い，決断をする

佐々木敦朗

> 留学は，人生のなかでも最も大きな決断の1つです．語学や生活への不安，留学後のキャリアの不透明感，パートナーや家族の状況．どのタイミングで，どの研究室（国・都市）へ，どのように（単身・家族）留学するのか．オプションの多さと未来への影響の大きさゆえに，決断は時として難しいものになります．
>
> しかし，決断を先送りにしたまま時が過ぎると，機会を逃したり，留学適齢期を過ぎたり，あなたの望む道から外れてしまったりするかもしれません．留学を経験した先輩方は，どのように問題に対峙し，海を渡っていかれたのでしょうか？

イントロダクション（第0章）では，留学は各個人により大きく異なるものになることを解説し，第1章では，研究留学経験者からの大規模アンケートの結果をもとに，"留学のメリットとデメリット"そして目標設定のツボについてディスカッションしました．

本章では，それらをふまえながら，留学を決断する際の「壁」と考えられることをとりあげます．以下の3つに分けて一緒に考えていきたいと思います．

① 準備や努力，情報収集で解決できる問題
② 解決策を模索すべき問題

③留学の決断で大切なこと

1 準備や努力,情報収集で解決できる問題

　UJAでは,留学に興味をもちつつも,まだ留学に踏み出せていない方々が何を「留学の障害」と感じているのかについてアンケート調査を行いました(回答数69,複数回答可).その結果,多くの方が語学力の不足を筆頭に,経済的な不安,家族の問題,情報不足,そして生活への不安を留学への壁と考えていることがわかりました(図1).

　これらは,生きていくことに直結している重要なファクターですので,解決しないまま留学を決断するのは大きなリスクを伴います.ここでは,その解決策を探っていきます.

✱語学の問題

　もし,あなたが今,英語でのコミュニケーション力について不安をもたれている場合,おそらく留学先のラボ内や同じフロアにおいて,やはり英会話で苦労されると思います.これはあなたに限ったことでなく,留学を

留学の障害は?

1位 語学力の自信がない (49.3%)
2位 経済的に厳しい (44.9%)
3位 家族の問題がある (29.0%)
4位 情報が足りないので判断できない (27.5%)
5位 生活環境が厳しいと思う (26.1%)

図1●留学未経験者が考える留学の障害
UJAによる「研究留学に関するアンケート2013」より作成

経験するほとんどの方が直面しています．

　でも，安心してください．第1章でご紹介したように，留学された方の70％以上が実践的英語力を獲得されています．逆説的ではありますが，**語学の問題は，留学することで解決します**．もちろん英会話の力は，留学のためというよりも今後の国際化社会においてこそ必要になるものです．

●日本にいるうちから取り組むのがベスト

　日本にいながらでも，今や英語を上達させるツールや機会はありすぎるほどあります．しかし英語を修練できる環境にありながら，多くの方が漫然とすごしているように思います．かくいう私も，英語へのコンプレックスがあるのに，留学が決まるまで放ったらかしにしていたので人一倍苦労しました．タイムマシンがあれば，大学生の頃に戻り「目を覚ませ！」と喝を入れ懇々と諭したいところです．この自戒は，英語で苦戦したすべての友人に共通しています．

　しかし，英語への苦手意識から留学を躊躇する必要はありません．くり返しになりますが，留学することが英語コンプレックスへの特効薬です．

●手軽にできる取り組み

　まずは留学を意識することによって，英会話への取り組みは真剣に身の入ったものになります．はじめはお金もかからず，すぐに，どこでもできるものがお勧めです．例えば，**iPodなどに英会話教材や英語のPodcast**（英会話ではありませんがNatureやScience誌のPodcastであれば最新の研究の話題と科学用語の習熟にもなって一石二鳥ですね）**などを入れて，ひたすら聞く**だけでも効果があります．そして，聞いた言葉を口にする（リピーティング，シャドーイング）と，さらに効果があると思います．

　私は留学を思い立ってから毎日行い，留学してからも6年間，ラボへの行き帰りに，英語の教材やニュースを聞いて，ずっとモゴモゴ言っておりました．

●強制的に英語へコミット

そして，留学前・留学中を問わず，強制的に英語へコミットする状況をつくるのも1つの手です．**英会話のクラスやチューターに申し込み，身銭を切る**ことで，積極的に学んでいけるでしょう．

私は英語を書くことにも危機感を覚えましたが，なかなか日々の勉強に結びつけられませんでした．そこで，アメリカの公文教室に申し込みました．小さな子どもたちに交じり，アメリカの小学校3年生から高校3年生の教材まで進め，卒業させていただきました．日本での国語にあたる英語を，現地の子どもたちとともに学んだ貴重な勉強でした．他には発音矯正クラスにも申し込みました．最大の障害は「恥ずかしい」と思って自分の殻にこもってしまうことかもしれません．むしろ，子どもに戻ったぐらいの気持ちになることが成長する力になるでしょう．

●留学後は積極的にコミュニケーション

留学してから何より大事なことは，ラボ生活のなかで積極的にコミュニケーションをとることです．研究は一人でしゃべらずにできるかもしれませんが，それでは留学の意味がありません．私のラボの日本人メンバーにも，建物のなかでは日本語禁止，すべて英語での会話をお願いしています．

留学当初は，身振り手振りとつたない単語で話していたメンバーが，**1年も経たないうちに見違えるように英語で発表し，ディスカッションできるようになります**．改めて，日常から意識して英語を使う効果の大きさに驚きます．何をしゃべっていいかわからない，という状況でどうしゃべるかが，ふつうの教科書や英会話教室では得られない貴重な経験です．下手であっても英語でのコミュニケーションをがんばっている様子は，何もしゃべらないよりもずっと周囲の人々にも好印象に伝わるものです．ぜひ，心がけてみてください．

✳経済的な不安，情報不足，生活への不安

　語学とあいまって，海外での生活への不安も留学の壁になっています．日本であれば，どこに住むことになっても，引っ越しから生活のセットアップまである程度は想像できます．しかし留学先では，住まいから食事，子どもの養育など日本とかなり異なります．自分の得る給料の額ではたして生活していけるのか？　その国の金銭感覚がまず必要です．

　同じアメリカでも，住居費は場所により天地の差があります．月10万円で一軒家に住める場所もあれば，月20万円で1ベッドルーム（1DK）のアパートが相場の場所もあります．また，家賃，電気・ガス・水道，電話などの契約を，英語でどうやってするものか，考えるだけでアドレナリンが沸々とでてきます．

●できるだけ多くの情報を入手しよう

　この問題への対処法は，できるだけ多くの情報を入手することしかありません．特に，**留学先として想定している地域で暮らす先輩方の家計とやりくりを知ることが大切**です．自分の想定しているような立場ですでに生活されている方の具体的な情報があれば，かなり気持ちは楽になるはずです．

●渡航後に生活のセットアップをするケース

　日本人の多いようなエリアでしたら渡航前にセットアップしてくれるエージェントもありますが，どうしても割高になりますし，また現地の状況を自身の目で見ずに決めてしまうことのリスクもありますので，より一般的に，住居や車確保などのセットアップを渡航後に行うケースを考えてみましょう．この場合，まずは一時滞在用のホテル代にレンタカー代と，いきなりお金もかかるうえに，時間もかなり必要になります．

●車の購入は一大投資

　アメリカの生活では，多くの地域で車が必要で，家族がいればなおさらです．とはいえ中古車でもまともなものはかなり高く，車を買うのはやはり一大投資になります．一方で日本のような徹底した車検制度がないので，

レモンカー（欠陥車）をつかんでしまうこともあります．

私は，地球を6周まわった15年落ちのセダンを予算ぎりぎりの3,900ドル（当時のレートで約40万円）で購入しました．事故歴はなく，3カ月の保証があり，ディーラーも親切に思えたので，購入に踏み切りました．ところが，オイル漏れにガソリン漏れ，電気系統そしてエンジントラブルが，購入して2カ月の間に次々に起きました．正真正銘のレモンカーでした．ディーラーへの電話，修理工場とのやりとりと行き来で，ずいぶん時間を使いました．

こうしたトラブルは，非常に大きなストレスになります．結局は家族の安全を優先し，ローンを組んで新車を購入しました．ローンを組むのは在米歴が浅いと信用がないためにたいへんで，非常に高利なものとなりました．

●良いアパートほど空き物件は少ない

住宅についてもリスクとコストのトレードオフは難しいところです．利便性も高く，安全で，値段も良心的なアパートは，当然ながらなかなか空き物件は出ません．契約してもすぐに入居できるとは限らず，その間はホテル暮らしになります．ひと月もホテルに住むと相当の出費になり，大切な貯金を大幅に切り崩すことになります．

一時滞在用にすぐ入れる物件にとりあえず入って，現地に馴染みながらじっくりよい物件を探すというのも選択肢になります．アメリカでは1年契約が基本で，途中で出ても期間中の家賃は払いきらないといけない契約になる場合も多く，その場合はSubletという，出ていく借主が新しい借主にまた貸しすることがよく行われます．この場合は知り合いの紹介か，ネットでのやりとりかになりますが，詐欺などのトラブルもゼロではありません．妙に条件のよいものは裏があると思って慎重に下調べをしましょう．同じような立場の日本人の物件を引き継ごうと思えば，現地日本人コミュニティの提供する掲示板などが重要な情報源になります．

●留学前に生活のセットアップは可能

　こういったコミュニティを活用して事前に十分に情報を入手することで，住む場所，家財や車など，生活のセットアップを留学前から進めることは十分可能です．メジャーな研究留学先であれば，多くの場合，日本人コミュニティがあります．地域によっては，生活情報が詳細にまとめられたバイブル的ウェブページもあります．UJA のウェブサイト（「参加コミュニティ」http://uja-info.org/communities/）や本書の巻末付録においても，各地のコミュニティの連絡先を掲載してあります．日本ではこうした情報は聞きづらい感覚がありますが，留学されている先輩たちは，こうした情報の大切さをよく知っておられます．そして，これから留学される方を応援しています．**ぜひ，コンタクトをとってみてください**．

　そして**留学する2〜3カ月前に留学先へ数日間訪問し，住居や子どもの保育園などを決める**ことを私はお勧めします．その際に，近く帰国される方などとお会いし，車や家財についてお話しする機会をつくれると，なおすばらしいです．

◆　◆　◆

　このように経済・生活への不安は，実態や対処法を知ることで解消し，留学へのロケットスタートへと導くことができます．

2 解決策を模索すべき問題：2BP（2-Body Problem）

　英語や生活の不安は誰もが抱くものですが，いざ留学すると，何とかなってしまう場合もあります．いわば，はじめてプールに飛び込むときのような心境かもしれません．その処方箋は，鼻に水が入ったり，お腹が真っ赤にならないようにだけ気をつけて，あとは恐怖心を取り除くだけです．ただし，これは1人で泳ぐのが前提での処方箋です．

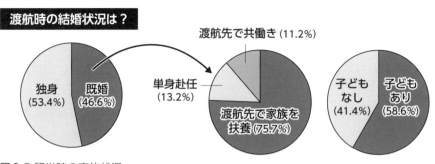

図2 ● 留学時の家族状況
UJAによる「研究留学に関するアンケート2013」より作成

　もしあなたに伴侶や子どもがいる場合，一緒に飛び込めるのか，そして一緒に泳いでいけるかを考える必要があります．図1に示したアンケートでは，家族問題は留学の障壁の第3位でした．また，現在留学中の方へのアンケートでは，326名中152名（46.6％）が既婚で，うち単身赴任は20名（13.2％），現地で共働きされている方は17名（11.2％）でした．半数を超える89名（58.6％）の方にお子さんがいらっしゃいます（図2）．

　いろいろなケースがありますが，よくみられるのは次の4つのケースです．

✱1. 奥さんが専業主婦，旦那さんが専業主夫

　比較的，選択に困らないケースです．信頼関係さえあれば，きっと，あなたについてきてくださるでしょう．日頃から留学への想いを共有していれば，手をとって喜んでくれることもあります．

　日本では，伴侶の方は家庭だけでなく地域活動や習いごとなど，いろいろなご活動をされているかもしれません．しかし，あなたの留学先ではゼロからのスタートになります．言葉の通じにくい状況で新たなコミュニティに入っていくには，ストレスがかかります．はじめは日本のように電車やバスで自由に移動もできないものです．**家に閉じこもってしまわないよう，**

同じ境遇の友だちができるように，最初は特に配慮してあげるのが大事だと思います．

✲2. 日本で共働き

あなたの留学に付き添うか，日本に残るか．もし伴侶の方も研究者であるならば，ともに留学することも選択肢になりえます．休職または辞職して，あなたについてきてくださるケースもあるでしょう．産休・育休を活用するというウルトラCもあります（私の留学体験記⑩）．

伴侶の方が留学先で働ける場合，収入面では非常に心強く，また伴侶の方のキャリアにもやりがいにもなります．ただし，ビザについては注意が必要です．研究者や学生の配偶者としての形では簡単には就労できない場合がありますので，事前に手続きを把握しておきましょう．

一方で，あなたの留学先で専業主婦・主夫となる場合，これまでの社会生活からの切り替えに対応しサポートするのが大切になります．また，**留学を終えて帰国されるときの再就職も考慮しておきたい点**です．

✲3. 単身赴任

アンケートでは，13.2％の方が，ご家族と離れての留学を選ばれていることがわかりました．おそらく伴侶の方のお仕事や，子どもの学校などのご事情があるのだと思います．

単身での留学は，生活ではご自身のことのみ確保すればよく，**経済的な問題も出にくい**と思います．一方，家族と離れて暮らすことは，日本での単身赴任よりも**心理的負担は大きい**かもしれません．良くも悪くも海外生活による考え方や価値観の変化に，伴侶がついていけないということも起こりえてしまいます．連絡を密にしつつ，機会をみてご家族が留学先へ来られたりする機会がぜひほしいです．

✱4. 出産・子連れ留学

　出産と育児は，特に女性研究者の留学にとって大きな問題です．現地での出産や保育園の情報，伴侶の方に加えてボスの理解とサポートが大事であることはいうまでもありません．今まで，やはり多くないケースですが，少しでも多くの先行事例に触れられるようシステムを構築していくべき問題でしょう（私の留学体験記⑯）．

●すでに子どもがいる場合

　すでに子どもがいる場合は，年齢により難しい選択になることもあります．

　小学校低学年までは，お父さん・お母さんの都合に合わせることができるでしょう．語学の習得も，この年齢は圧倒的に有利です．ただし，帰国し日本語環境になると，英語を忘れてしまう年でもあります．

　小学校の高学年，中学生，高校生になると，留学へのハードルが高くなる一方，身につけた英語は一生残るでしょう．本格的な受験勉強は難しいですが，英語力と幅広い経験を武器に，受験のために帰国されるケースもよくあります．

●家族の絆はさらに深まる

　いずれにしても，子どもがいると休日にいろいろな場所へ遊びに出かけたりする機会が増えます．また子どもを介して友人（ママ友・パパ友）が増えていきます．苦労することも多々ありますが，家族で充実した留学生活を送るケースは多く，家族の絆は深まります．

✱2BPを解決するために

　こうした伴侶の方々の直面する問題（2-Body Problem，略して2BP）は，あまりとりあげられておらず，皆さまが各自で対応してきました．結婚をしていなくても，パートナー（彼氏・彼女）がいるとすればやはり2BPが起きます．**2BPは，多くの方に当てはまる，身近で，しっかり対処していくべき問題です**．留学のためにすべてを犠牲にする，というのはあまり感

心できません．人生を豊かにするための留学にしなければなりません．

伴侶の方と子どもたち，パートナーが，留学中も安心して充実して暮らすためには，どのようなことに対処していくのが大事なのでしょうか．

本書では第10章で，ご主人の研究留学とともに渡米された方からのアドバイスを掲載しています．UJAでは今後，さまざまな2BPを経験された方の体験談を収集し，公開していく予定です．またUJAウェブサイトでも，2BPに関連した留学体験記を掲載しています（「Finding Our Way – 留学体験記 –」家族・パートナーと留学編　http://uja-info.org/findingourway/2bp/；本書 私の留学体験記⑩・⑯も参照ください）．あなたと似た境遇で留学をされた先輩方からのメッセージは，必ずや貴重なヒントとなるでしょう．

3 決断で大切なこと：留学意思決定の科学

✳︎留学決断の選択肢は最大級

皆さまは，これまでにも生きていくなかで大きな岐路を経験してきたはずです．大学選び，そして大学院進学，就職．これらのイベントは，あなたの卒業に合わせてやってきて，あなたは限られた時間と条件のなかで決断をされたと思います．

留学の決断も人生に大きな影響を及ぼしますが，その選択肢の多さは最大級かもしれません．いま留学するべきか，もう少し落ち着いてから留学するべきか．若ければ縛りは少なく勢いもある一方，研究経験の浅さが原因で苦労するかもしれませんし，先々の見通しがわからなくなってしまうこともあるかもしれません．より熟練した時期においては，今度は家族問題や仕事上の責任も大きく，制約が多くなってしまいます．もちろん，どのようなテーマで研究するか，どの場所に行くか，どれぐらいの期間にするのか，どういう立場で行くか．選択肢は多岐にわたります．

選択肢が多いと,かえって判断できないものです.そして,留学先でのリスク・不確実性の存在も,決断を鈍らせるものでしょう.ある日,突然思い立つこともありますが,こうした天の声に頼らず,決断するために大事なことは3つあります.

✲1. 自分が望む自己成長を明確にする

5年後,10年後にどんな自分へと成長したいのか,少し,時間(10分間でもいいのです)をとって考えることが大事です.これにより,あなたにとり留学は必要なものなのか,国内でも達成できるものなのか,冷静に考えることができます.

本書やUJAウェブサイトの体験談を参考にしつつ,同じく国内で研鑽された先輩方のお話も参考とすることで,より明確にイメージできるようになると思います.

✲2. バックアッププランをもつ

もし,留学で狙いどおりにいかなかったら,どうするか？ 目標が達成できなかった場合を想定しておくと,逆に覚悟がすわるものです.

極端ですが,私は,留学がうまくいかなかったら「釜揚げうどん」のお店をすると決めて留学をしました.恩師の吉村昭彦先生(**第0章参照**)から,「思い切りやってこい.骨は拾ってやる」と激励(!?)のお言葉をいただいたことも,大きな助けになりました.

✲3. 自分の決断に責任をもつ

思ったようにいかないこと,想定外のことも当然起こるでしょう.どんな結果でも,自分で決めたことは自分で責任をもつ.このマインドセットが,決断に重要なのです.人に勧められたから留学するのではなく,アドバイスは受けつつも,その決断は自分自身のものとするべきです.自分で

決めたことは，困難な状況でもあなたをポジティブにします．

　留学の覚悟を決めた私の友人の多くは，同時期に人生の伴侶を決める大きな決断もされています．1つ決断することで，めざす人生の航路がみえ，自分自身でこぎだす覚悟ができるのでしょう．

✻覚悟さえあれば世界のどこでも留学できる

> 学問の道を首唱して天下の人心を導き、推してこれを高尚の域に進ましむるには、特に今の時をもって好機会とし、この機会に逢う者は即ち今の学者なれば、学者世のために勉強せざるべからず。
>
> —福沢諭吉「学問のすゝめ」(岩波文庫) 九編より

　[現代語訳] 新しい学問をみずから主張して、社会の人心を指導し、これをさらに高度の段階に推進するには、今日ほど絶好の機会はない。この好機に恵まれたものこそ、今日のわれわれ学徒なのだ。学徒たる者は、社会のために奮発して、大きな足跡を後世にのこさなければならぬ。

(岩波現代文庫)

　じつは，日本の博士研究者の評価は世界のなかでもたいへん高く，留学先から給料のサポートをいただける場合も比較的に多いのです．生涯を保証された会社を辞職して，留学を決断した友人もいます．

　覚悟さえあれば世界のどのような場所でも，生活することは可能です．先輩たちがつなげてくれたバトンに感謝して，さらなる成長の機会としていきましょう．

　あなたのめざす道を考えたとき，「問題」がみえます．その問題と向き合うことで，意識と行動は必然的に変わります．そして，さまざまなケースを知り，創造力をはたらかせることで，みえなかった道がみえてきます．

決められた道などありません．あなたが決めることで道は拓けるのです．
So let's find your way!

Y先輩の苦労話

佐々木敦朗

　余談ですが，私は大学院生のとき，アメリカ留学から一時帰国されていたダンディなY先輩に「佐々木君，英語を習得するには若いうちに留学したほうがいいよ．僕は35歳を過ぎて留学したけれどなかなかに苦労してるよ．ハッハッハ」とアドバイスを受けたことがあります．留学を見越してふだんから英語をしっかり勉強されていたY先輩でも苦労されるのかと，一念発起し，30歳になる1週間前に渡米し，20代での留学を果たしました．

　今思えば，Y先輩は英語への意識が低い私には現地で荒療治したほうがいいだろうと，背中を押してくださったのだと思います．後日談では，Y先輩はバーで女性を（英語で）くどくのに苦労していたのだと聞いて，あまりのレベルの違いに驚きました．年齢ではなく，常に向上心をもってチャレンジできるかが大事なのです．

私の留学体験記 ②

Finding our way

留学のメリット・デメリットを考える

留学先 ● 国立衛生研究所（NIH）（アメリカ）
期　間 ● 2013年6〜11月
誰　と ● 単身

神田真司（東京大学大学院理学系研究科）

　当時，東京大学大学院理学系研究科生物科学専攻の助教として働いていたが，海外に行くチャンスがそれまでなかったので，春と冬の学部実習の間の期間に許可をいただき，米国国立衛生研究所（National Institute of Health：NIH）に客員研究員（visiting fellow）として5カ月間短期留学してきた．

　お世話になったのはNIHのNational Institute on Alcohol Abuse and Alcoholism（NIAAA：国立アルコール乱用・依存症研究所）という施設の小野研究室．PIの小野富三人先生とは2007年のSociety for Neuroscienceという学会で知り合い，2012年から2年間，ポスドクとしてお世話になるはずだったのが，その後アプライした助教の職に採用されたため，その際にはキャンセルさせていただいた経緯がある．贅沢な話ではあるが，助教の職に採用された後，アメリカに行けなかった喪失感というものも少なからずあり，失われた2年間をとり戻しに行くことができた．

ラボの文化の違い

　アメリカに行った一番の目的は，研究室の運営や方針を学ぶことであった．日本とアメリカのラボで一番違いを感じたのは，生活，仕事のしかたである．日本のラボでは，朝から晩までラボで過ごし，場合によっては終電まで働き続けるという生活が推奨？されているくらいであるが，少なくとも私のいたNIHの周辺ラボではそのようなことはほとんど起こっておらず，文化や考え方の違いを強く感じた．朝来て夕方帰る．本来あるべき効率的な研究生活であると感じ，いつもだらだらとしてしまうわが身を反省した．

　もう1つの違いは，ヒトとヒトとのコミュニケーションである．日本では，たとえ同じラボであっても，廊下ですれ違うときにはなるべく下を向いて目を合わせないようにすることが多いが，アメリカでは，たとえ顔見知りでなくても，「はーい，はうあーゆーどぅいんぐ」と聞くことになる．コミュニケーションに対する意識の違いがあることは知っていたが，実際にそういったふうにあいさつを交わしてみると悪い気はしないもので，これも日本に持ち帰りたい文化だと思った．

ラボのメンバー写真
（左から3番目が筆者，右端がボスの小野先生）

日本のラボとの二重生活

ラボに在籍していたので，日中はNIHのラボの仕事，夜は日本のラボとのメールやミーティングなど，二重生活でたいへんな部分もあったが，毎日エンジョイできた．一昔前では通信もしにくかったのだろうが，今ではメールやオンラインビデオチャットなどで，情報は比較的アップデートしやすかった．もちろん，実際に会うのとは全く違うが，電話やメールだけよりも，圧倒的にまちがいが起こりにくいと感じた．

Government shut down

この5カ月間の滞在中に降り注いだ不幸といえば，2013年の政府閉鎖であった．幸い，私のいたビルはNIHの持ちものではなく，リースの建物だったので，出入り自体は可能であったが，9月1日から始まっていた試薬の注文禁止期間（1カ月間；NIHは政府機関という理由で，私にはよくわからない複雑な事情で予算管理の都合上，毎年9月は注文できないらしい）がさらに3週間延長される，というのは，かなり憂うつであった．金があるはずのNIHに行って，滞在期間の3分の1が試薬発注禁止というのは，なかなかの皮肉である．ポスドクたちは，「こんな状況でも，ラボに来なければ意地の悪いPIにはstupid lazy assholeといわれるんだろう，はは」と言っていて，そのあたりに共感した．

基本的にはルースにできている国のようにみえるので，国民もそれに慣れており，「ああまたか」くらいの感覚である．のんびりしていて，それはそれで悪くない．経験としてもとてもめずらしいものをみることができた．なにしろ，前回の連邦政府閉鎖はクリントン政権の1995年だったのだというのだから，じつに得がたい体験をしたといえる．

日常生活

せっかくのアメリカなのだから，車を買って豪邸に住む，という幻想を抱いていたのだが，たったの5カ月間の滞在なので，アパートメント（東京のワンルームマンションとは比べものにならないくらい広い）を契約するのも非効率であるし，車を買って売るのもたいへんな手間であるから，避けることにした．そもそもSocial Security Numberという，一生アメリカにとりつかれる番号をとらずにすめばそちらのほうがよいので，なるべく手間のかかる事務仕事は避けた．最も，このSocial Security Numberという，銀行口座をつくるのにも運転免許をとるのにも，何をするにも必要になる番号をとるのにさえ，車で移動しなければならないような場所にいたのだから，車がない私にはとっても面倒だった．ニワトリと卵のような変な話であるが，車をもっていないと，免許をとることも，車を買うことも非常に困難である．たった数カ月のためにそういった面倒な手続きを行うのもげんなりしたので，歩く，歩く，たまにレンタカー（国際免許はもっていった）ですますことにした．

比較的都市部だったことから，"バス"という交通機関はあったのだが，これがまた日本のバスとは異なり，非常に不便なものであった．30分に1本というのはまぁよいとしても，来る時間が問題である．バスにGPSがついていて，スマートフォンのアプリで到着時間が予想される便利なシステムが活用されているものの，ほとんどのバスドライバーはこのGPSのスイッチを切っているらしく，予定時間が表示されている

だけのことが多い．つまり，半分以上は偽情報である（GPSで正確な予定になっているのではないかと思わされるぶん，かえってだまされる）．このバスが使いにくい状況にはとても困ったが，30分かけてラボまで歩くのも天気のよい季節は楽しかった．途中，ホタルや野ウサギ，カモ，シカなどと出くわすことも多く，アメリカの大自然を感じた．

家は，ペルー人（クスコ出身）のオーナーが間貸ししているところに住んでいた．共用のキッチンを使えるのと，6畳程度の個室があり，住むには十分であった．倹約家の方で，電灯を消せとか，洗濯の回数は減らせ，とか，母親のようなうるささのある方ではあったが（笑），困ったときはいつも助けてくれて，とてもありがたかった．オーナーといっても，決して裕福ではなく，家賃を頼りになんとか生活している，といった雰囲気であった．移民の国とはいえ，移民に特別優しいわけではない．

他に住んでいたのは，オーナーのおばさんの娘さんと，ペルー人の男性，同じNIHに通うインド人の男性（Pabak）であった．シャワーに関しては，さすがアメリカの家で，各部屋に付いていて，窮屈に感じることはなかった．アメリカとはいえ，かなりの人間がヒスパニック系である．近年の彼らの人口増加はすさまじいらしく，何十年か経つとアメリカの公用語はスペイン語になるのではないか，といわれている．それはそれで自然なことなのかもしれない．

現地でのヒトとのつながり

ラボには，先述の一緒に住んでいたPabakを含む10名近くのポスドクがいて，みなとても世話になった．特に，Pabakにはいろいろなところに連れていってもらい，とても感謝している．他にも，休日にラボのポスドクどうしでワシントンD.C.に飲みに行ったり，山に遊びに行ったり，楽しい余暇を過ごした．車で1時間くらいのところにHarper's Ferryという場所があり，そこで沢下りをしたのがとても楽しかった．浮き輪に乗って，流れに身を任せながら大自然を満喫した．清流のごつごつした岩で全身傷だらけになりながら．たまに人も死ぬらしいのでスリルを味わえた．ボスの家族にも，日本食をごちそうしていただいたり，川や博物館に連れていっていただいたりと，感謝しつくせないくらい，親切にしていただいた．こういった親切な方々があってはじめて，生活が成り立ち，そしてエンジョイすることができるのだと思う．

また，日本だったら付き合う機会のない業種の方と，在外の日本人という理由だけで交流できるのは海外で暮らすことの隠れた利点だと思った．研究業界以外でもパワフルな方々はたくさんいらっしゃるが，日本では，通常，異業種と交流することはかなり少ない．一方で，アメリカにいると，日本人が集まる飲み会，のようなものがあって，それに積極的に参加していると，さまざまな業界の方と交流できるのである．

日本のよいところ

こうやってみてくると，アメリカはじつによいところで，生活，研究ともにたいへん充実していた．一方で，もちろん日本のほうがよいところもある．

まずは言語である．もちろん，トレーニングを積めば，研究を進めるうえでは支障がないくらいに英語は上達するはずである．もともと専門用語が多いわけであるから，それが英語であ

一度買い物をするとこういう単位で買って、日本食への渇きを満たすことになる。

ろうが日本語であろうがそこまで変わりはない。ただ、細かいニュアンスや、やりとりに関しては、日本語のほうがスムースであるし、何よりも半年間程度滞在しただけでは、思考自体を英語にすることはできず、英語でインプットし、日本語で考えて、日本語で計算して、英語でアウトプットする、という作業を常に行っていた。そういった意味で、日本語でインプット、アウトプットできることは日本にいることの利点であり、これは研究・教育にとっては大きなプラスの要素である。

また、公共交通機関は圧倒的に日本がよい。ワシントンD.C.は地下鉄が通っているとはいえ、住みやすい郊外では、地下鉄までかなりの距離を歩かなければならない。長期間滞在する場合、車を入手してしまえば本当に便利に生活できるのではないかと思う。生活面では、食事が口に合わないのは残念である。スーパーに食材を探しにいっても、一般的なスーパーではゴワゴワの大きな野菜しか購入できない。高級スーパーに行くことができれば別かもしれないが、アングロサクソンが繁栄したのはどんな飯でも食べられるから、という冗談を聞いたことがあるが、あながち的外れでもない気がする。それくらい

飯は合わない。

また、滞在中に銀歯が外れるという悲劇に見舞われたが、外れた銀歯をノリでベタっと付けるだけで200ドルかかった。この金額に対し、日本に住む日本人は全員、高い！という反応を示し、アメリカ人は、安い！という反応であった。医療は日本で受けたいものである。体調が悪くなったりしたら、なかなか住みにくい国であろうと思った。

アメリカで得たもの

そんなわけで、日本もアメリカも、よいところあり悪いところあり、そのなかで何を優先するか、によって選択は異なってくるだろう。

たった5カ月間ではあったが、はじめて1カ月以上海外に滞在し、生活するのはとても刺激的であった。何かを具体的にトレーニングした、というよりも、あちらの文化を学び、よいところを日本に持ち帰る、ということがとても重要なことだったと感じている。日本でおこなっている仕事も、日本で同じ研究室に長くいるマンネリ気分も、この5カ月間でリフレッシュできた気がするし、同じ文化に溶け込みすぎると慣れてしまうおかしなところに気づき、改善できる、というのは本当によかったと思う。

本当は、年単位で長期留学したほうが本当の意味でエンジョイできるのだろうが、今回は短い滞在期間で、全身をアンテナのようにして学ぶことに徹しようと思って行ったので、ふだんの引っ込み思案な自分とは違った体験がいろいろできたと思う。本心をいえば、そのままあちらに住んでしまうのもよいのではないか、と思ったこともあったが、出発前に盛大に送り出してくれた学生さんたちや、スタッフ、娑婆の

仲間たちのことを思って，後ろ髪を引かれながら帰ってきた．

なお，本滞在は大学共同利用機関法人 自然科学研究機構 生理学研究所 日米科学技術協力事業「脳研究」分野によってサポートされたので，ここに感謝の意を表する．

（掲載 2015/05/19，http://uja-info.org/findingourway/post/1097/ を一部修正）

留学準備 編

第3章
自分と向き合い，留学先を選ぶ

佐々木敦朗

　留学先選びは，最も大切かつ難しいプロセスの1つです．留学先は，あなたの新たなアイデンティティを形成する場であり，あなたの留学後の研究テーマや研究者としてのキャリアにまで密接にかかわります．しかしながら，留学先をどう選ぶものなのか，そしてどのような段取りで進めるべきなのか，多くの方が悩まれています．

　私たちの先輩方は，どのように留学先を選択し，その後のキャリアに結びつけていったのでしょうか？

　　第3章～第6章では，あなたの研究者としてのアイデンティティとキャリア形成に最も深くかかわる，"留学先選び"から"受け入れ先からOKをもらう"までのステップをとりあげます．

　　世界中の数多くのラボから，自分の将来への道が拓けるラボをどうやって見つけるのか？　そしていかにして希望するラボでの研究をスタートするのか？　留学先選びの時間軸に沿って，「留学先で何を狙うのかを明確にする」「留学先を探す」「奨学金・助成金を獲得する」「受け入れOKのオファーを勝ちとる」の4つに分けて議論してゆきます．本章ではまず，前者2つをテーマにしたいと思います．

1 留学先で何を狙うのかを明確にする

✳ 自分と向き合う

あなたが留学先で何をしたいのか，それはあなたにしかわかりません．留学先を探す前に，"自分が留学先で何を得たいのか"そして"その先どうなりたいのか"を明確にすることが大事です．とはいえ，可能性のある選択肢のすべてをゼロから検討する必要はありません．最初は細部へこだわらず，いま興味のある分野や技術について，自分の将来の姿を想像しながら，自分が満足できそうなオプションを考えてみるとよいでしょう．

重要なのは，自分にとっての最大優先事項はもちつつも，事前に考えたオプションをもとに，状況に合わせてすりあわせていくことです．留学で何をするかは，今後のあなたのキャリアに直結するので，ぜひとも視野を広げて考えるときだと思います．

✳ 留学先，そして自分の将来の研究テーマ

では，留学を経験した先輩たちは何を狙って留学されたのでしょうか？ UJAが留学経験者を対象に行ったアンケートでは，実に70％を超える先輩方が，留学した動機として**「研究の幅を広げること」**をあげています（第1章 図1参照）．留学を，新たな分野へ飛び込み，新たな技術を学ぶ機会ととらえていることがわかります．

留学先は，あなたがイノベーションを生み出す場となります．留学先で習得する"力"で自分はどのように成長するかを想像して，どう活かしていきたいかを明確にすれば，留学先選びで大事な点がみえてきます．留学先のもつ強み，専門性やフィロソフィーと自分の経験・強みとをあわせて，独自の研究性を生み出すことがイメージできるかが大切です．

こうしたビジョンを明確にしておくと，あなたが留学希望先でインタビュー（面接）を受けるときも，「なぜこの研究室に来たいの？」という質

間に対して，堂々と答えることができます．ゴールへと向かうあなたの姿勢は必ずや，あなたの研究者としての頼もしさ，そして人間としての魅力を，相手に伝えることになるでしょう．

2 留学先を探す

次に，世界中の先輩方がどのように留学先を見つけているのか，留学経験者460名を対象にUJAで行ったアンケート結果とともに，ハイライトしてみたいと思います．

✳「論文を見て」

アンケートで最も多かった留学先の選び方は，**「論文を見て」**というものでした（図1）．実に30％の先輩方が，この方法で留学先を選んでいます．

論文を読んだときに，その論文の何かが自分に響くように感じることがあるかと思います．ぜひ，そのラボが発表した他の論文も読んでみてください．そして，あなたが感じた"もの"がいくつかの論文にもみられるならば，そのラボはあなたの留学先の候補になります．

どのようにして留学先を選んだ？
1位 論文を見て（30.0％）
2位 知り合いのツテ（28.9％）
3位 学会などでの面識（10.4％）
4位 ホームページを見て（8.9％）
5位 公募情報を見て（8.5％）

図1●研究留学開始時の留学先の選び方
UJAによる「研究留学に関するアンケート2013」より作成

同時に,「おやっ?」という違和感や疑念を感じるものはないかも大切です.特に注意すべき点としては,ラボで特定の人だけがめざましい業績をあげている一方で,アウトプットがない人が少なからずみられる場合は,PIよりも現場の個々人の力と運に依存しているラボの可能性があります.また当然のことながら,同じテーマで新しい論文は書けません.今ある論文が完結編で終わってしまうのか,あるいはその先の世界が大きく拓けているかも見逃せないポイントです.あなたがもたらす"何か"で新たな展開が拓ける,とういのが理想かもしれません.

あなたがどこに留学するとしても,論文として成果をまとめることは,おそらく最も重要な目的の1つです.**分野を限定せず,あなたの感性に響く論文を探し求める**ことで,あなたにとってベストな留学先とめぐりあえる可能性は拡がります.

✳「知り合いのツテ」

アンケートでは,「論文を見て」とほぼ同数の先輩方が,**「知り合いのツテ」**で留学先を決めたと回答しています(図1).

この方法のよいところは,互いの素性を知る"仲人"の応援があることということです.私が2度目のポスドクトレーニングを行わせていただいたLewis Cantley博士は,知り合いの研究者からの紹介を大事にされていました.雇用する側にとり,知り合いの方が推薦してくれる人物というのは1つの担保であり,見知らぬ人を雇用するよりもずっと楽なのです.

"仲人"は,あなたの今の指導教官や,あなたをよく知っている先輩や友人にあたります.強く推薦してもらうには,あなたのサイエンス,そして人柄が大事になります.

ただし,**紹介されたからといって相手をよく吟味せずに決めるのはいけません**.あなたの求めるものがそこにあるのか,そして相手があなたに何を期待しているのか(あるいは期待していないのか),しっかり見極めること

が大事だと思います．

✱「学会などでの面識」

　　学会などでの出会いから留学が決まるケースもあります．留学先の指導教官となる方と直接会うことで，インスパイアされたり，距離がぐっと縮まったりするケースです．アンケートでは，10.4％の先輩方が，この方法で留学先を選んだと回答しています（図1）．

　　ウェブサイトや論文だけでは，そのボスの人となりを知るのは，なかなか難しいものです．直接会って話すことで，サイエンスのディスカッションをどのようにされるのか，また自分と価値観や相性の合うタイプの人間かどうか，感じとることができます．相手にも同じく，あなたのサイエンスや人柄を知っていただくことで，経験豊富なPIであれば，あなたがそのラボにフィットするかどうか率直に判断してくれるでしょう．

●お勧めのアプローチ法

　　海外で開かれる，分野をしぼった学会（例えば，ゴードン会議，キーストンシンポジア，コールドスプリングハーバーラボラトリーミーティングなど）では，合宿形式でトップの研究者と寝食をともにします．フレンドリーな雰囲気を大事にしているので，ふだんではありえない出会いが生まれやすい環境です．数千人規模の大きな学会に行くよりも，中身の濃い出会いが多く，強くお勧めできます．

　　またPIだけでなく，**そのラボに所属するメンバーと懇意になって**，内部者にしかわからないラボの内情や率直な意見を聞き出すのもよいアプローチだと思います．

✱「公募情報を見て」

　　留学先選びにおける難しさは，行きたいラボがあっても，新たなメンバーを受け入れていないケースが多々あることです．理想の彼氏・彼女を見つ

けたけれど，いい人ほどすでにパートナーがいる場合にも似ています．粘り強く待つか，それとも新たなご縁を見つけるか，留学先探しにみられる，人生の妙といえましょう．

公募情報から留学先を探す最大のメリットは，相手が"フリー＆募集中"であることが確実な点です．Nature誌，Science誌などの科学雑誌や専門誌には求人広告の欄があるので，メーリングリストへ登録しておくのもよいでしょう．また，「研究留学ネット」（Classified情報 http://www.kenkyuu.net/classified/）などの留学支援サイトを活用することで，オープンポジションの情報が得られます．

気をつけたいのは，**しょっちゅう公募を出しているラボは何らかの問題を抱えている可能性がある**という点です．焦らずじっくりと情報収集することをお勧めします．

◆ ◆ ◆

また，スキップしてしまいましたが，アンケート第4位の（留学希望先の）**ホームページ**ももちろん必須の情報源です．業績欄の論文とラボのメンバー規模をみあわせて，メンバーあたりのプロダクティビティを測ることができます．

3 留学先を考えるときに，調べておくべき5つの項目

先にも少し触れましたが，留学先での成果を論文にすることは，あなたの次のキャリアステップにおいて大事な要素です．そのためには，ラボの主宰者の研究スタイルとフィロソフィーを前もって知っておくとよいでしょう．ぜひ，次のようなポイントに注目してみてください．

✱1. 発表論文の掲載雑誌

●高IF（impact factor）ばかりのラボ

　Publication Listに記載された雑誌が，高IFの一流誌ばかりのラボ．実に魅力的なラボですが，もしかしたら**"一流誌縛り"**があるかもしれません．

　一流誌に載るような仕事は，通常は相当の努力と時間，そして運も必要になります．あなたの持ち味とラボの強みがシナジーを発揮し，会心の一打で一発ホームランのケースもありますが，そうでないと何年も論文が出せないまま，ともなりえます．一流誌縛りのラボへの参加は，ハイリスクハイリターンな選択といえるかもしれません．

　また，**そこでの仕事を，留学を終えた後も持って出ていけるかどうかも重要な確認事項です．**すでにestablishされたラボの方針に従って高IFな雑誌に論文を出せることと，自身のオリジナリティを確立することとは，全く別問題です．

●中堅以下の雑誌が主体のラボ

　逆に中堅以下の雑誌への発表が主体のラボの場合は，とにかくできる仕事を堅実にやって論文にする，というフィロソフィーが流れているか，時流に流されずに脈々とした仕事を重ねていくラボなのかもしれません．

　こうしたラボでは，より早く，可能性高く，論文として成果をあげられるかもしれません．**ハイインパクトでなくとも将来につながる筋の通った仕事にできるかどうか，**あなたのフィロソフィーが問われるところです．

●混合型のラボ

　実際のところ，多くのラボはこれらの混合型の戦略をとっていると思われます．あなたの研究の結果や，留学期間を鑑みた現実的な判断により，論文を出せる可能性を高めることができるでしょう．

✱2. 共著者の数と構成

　共著者の数と所属をみれば，そのラボの主宰者がチームワーク型の研究

スタイルを好むかどうか，そしてそのラボがどのような共同研究を行うのかがみえてきます．

●チームワークを大切にするラボ

チームワークや共同研究を重視するラボでは，あなたは多くの研究者との連携を得て，自分ひとりではできないことも可能になります．同時に，あなた自身が貢献し共著論文を増やす機会は多くなると思われます．何より，ネットワーキングは留学で得られる大きな経験の1つでもあります．

ただ，あまりに分業化が進んだなかにいると，自身が主体的に行う研究の幅がかえってせまくなり，全体的な研究遂行能力が養われなかったり，共著は出せるが筆頭著者になれない，といった恐れもありますので，いわれるがままではなく，自身の立ち位置を明確にしながら積極的にプロジェクトにコミットするようにしましょう．

●共著者の名前が少ないケース

一方で，なかには極端に共著者の名前が少ないケースもあります．これは分野に依存するところも大きいですが，基本的には各人が独立したテーマをもち，主体的に研究を進めるスタイルでしょう．多くのさまざまな実験を一人でこなすのはたいへんですが，スキルの幅と研究プロジェクトを主導する力になることでしょう．

その過程では実際には人に教えを請い，また手伝ってもらうこともあるのですが，共著に入れるかどうかの選定には絶対基準はないので，ラボ主宰者の判断によるところでもあります．これらはあなたの留学先での業績にじかにかかわってくるファクターですので，注意深く観察し，ラボのスタイルをイメージしましょう．

✴ 3. 研究費状況

留学先がどのような研究費を獲得しているかをあまり気にせずに留学される方もいらっしゃるようですが，**ラボの浮沈が研究費獲得にかかってくる**

アメリカでは，特に切実な問題です．

　論文のAcknowledgementsには，その研究がどの研究資金によって行われたのかが記載されています．またアメリカ政府の研究費の獲得状況とその期間は，NIH（国立衛生研究所）が提供する「RePORTER」というウェブサイト（http://projectreporter.nih.gov/reporter.cfm）から調べることができます．

　ラボの研究費事情によっては，あなた自身が積極的にフェローシップ（助成金）や研究費の獲得を進める場合もあります．一見，できれば避けて通りたいと感じますが，まだ若い駆け出しのラボでは，むしろそれぐらいのハングリーさがあって当然です．あえてそのようなラボに挑戦すれば，ラボの成長とともに歩む，貴重なトレーニングを積むことになるでしょう．

✽4. ラボのOB/OG（Alumni）の進路

　興味のあるラボの最近の卒業生の進路を調べてみると，**そのラボのキャリア育成基盤がみえてきます**．多くのPIを輩出しているラボもあれば，有名なわりに卒業生がアカデミアであまり活躍していないラボもあります．

　人材育成とキャリア形成を重視して独立を支援してくれるラボもあれば，単なる労働力として扱い，卒業生は競争相手とみなして研究テーマを持ち出させないというところもあります．もしその国でそのまま独立を考える場合には，特に重要な点です．

◆　◆　◆

　余談ですが，私は留学先のインタビューの際に「キャリアゴールの1つとして，アメリカでPIになりたいんです」と伝えてきました．「ほう，おもしろいことをいうな」という反応もあれば，「英語の勉強をしなさい」といったアドバイスや，「サポートするよ」という言葉をかけてくださることもありました．「何を当たり前のこといってるんだ」という表情だったのは，私の2番目の留学先のLewis Cantley博士です．

✲5. 土地柄や生活環境

留学先を探すにあたって，大学や研究所を気にする人はいても，その土地柄を気にする方は思いのほか少ないようです．

しかし，第2章で詳しく述べたように，土地柄や生活環境は**あなたが国際人として成長するための重要な場**であり，**一緒についてきてくれたパートナーや家族にとっては，人生の場そのもの**です．行ってみなければわからないことも多いですが，研究機関のある場所についても情報を集め，そしてもし機会があれば，事前に訪れることを推奨します．

✲自分と向き合い選んだ場所が最高の留学先

> 学問に入らば大いに学問すべし。農たらば大農となれ、商たらば大商となれ。学者小安に安んずるなかれ。
>
> ——福沢諭吉「学問のすゝめ」（岩波文庫）十編より

[現代語訳] 学問に志すなら大いに学問に励むべきである。農業に志すなら豪農に、商業に志すなら大商人にならねばならぬ。学徒たる者は、目先の小さな利益にとらわれてはならぬ。　　　　　　　　　（岩波現代文庫）

"留学で，何をやりたいか見つからない"

"興味がある分野は何となくあるけれど，いろいろ考えてしまう"

留学先を考えるとき，多くの方が「自分は何をやりたいのか」に悩みます．何のために留学するのか考えることは，あなたが何のために研究するのか，何のために生きるのかを，自ら問う過程でもあります．

すぐにはわからないかもしれませんが，あなた自身を熱くするものが何なのかは，論文や学会での交流，友人との会話，先輩の体験談など，具体的なものに刺激を受けるほどにイメージしやすくなります．そして自ら問

い続けるなかで，少しずつ，少しずつ，あなたの強み，あなたらしさ，そしてあなたの志は形をなしていきます．

　誰にとってもベストな1つの留学先などありません．思い描いたストーリーどおりにならないこともあります．それでも，**あなたが自分と向き合って選んだ場所が，あなたにとり最高の留学先です**．あなたの未来の扉は1つではありません．視点を変えればいたるところに扉があることに気づくことでしょう．さあ大きく息を吸って，あなたの未来を拓く旅へ踏み出しましょう．

So let's find yourself!

私の留学体験記 ③

Finding our way

留学夜話〜留学先の選び方

留学先 ● スタンフォード大学（アメリカ）
期　間 ● 2006〜2013年
誰　と ● 単身

宮道和成（東京大学大学院農学生命科学研究科）

　私は2006年に坂野 仁先生（東大・理・生物化学）の指導下で博士号を取得し，米国スタンフォード大学のLiqun Luoラボに留学しました．博士課程2年目の終わりも近づく新春に，坂野先生から「国内で別のラボに行くのは許さん．留学するかここに残るか，どちらかにしなさい」と遠回りに強いられたこともあって，アメリカ留学を決意することになりました．

　坂野先生は機会があるごとに，サンディエゴ留学時代，当時のボスと大ゲンカして"このラボから学ぶものは何もない！"とタンカを切って追い出された武勇伝，その後，利根川 進先生と出会ってバーゼルにわたり，抗体遺伝子の再編成をめぐって八面六臂の大活躍をする逸話を色鮮やかに語ってくれました（20回くらい聴きました）．そして，できるだけ柔軟性のある若いうちに留学するようにと強く後押ししてくださいました．

　ここでは留学先を選ぶにあたって，私の個人的な体験や戦略について思うところをいくつかお話したいと思います．

早く行くべし

　いずれ留学するなら，若いほうがよいと思います．将来外国で独立して研究室をもちたいと考えているなら，大学院から行くほうが断然よいですし，ポスドク留学についても「まずは日本で経験や業績を積んでから」「日本で人脈を築いてから」という考え方で日本のポスドク先を選ぶ人が私の周りにも多くいるのですが，戦略としてはお勧めできません．その理由は，

① 多くの欧米諸国において，ポスドク枠で採用できるのは学位取得後4〜5年まで．その後はボスの負担の重いresearch associate枠になるため採用されにくい．

② 多くのポスドク用奨学金が学位取得後の年限を設けている．

③ 日本で行うプロジェクトが増えるほどに，しがらみを断ち切るのは難しくなる．

④ 留学先でのプロジェクトのやり直しやラボ変更が効きにくくなる．

⑤ 気力と体力が衰える．

　なお，日本学術振興会の海外特別研究員に採用されなければ留学できないと思いつめている人が私の周りにも多いのですが，これも基本的にまちがいです．ポスドクは本来PIが金を出して雇うものであり，奨学金をもってきてくれるに越したことはないものの，意欲と協調性があっておもしろい視点や技術が少々あるなら，日本からのポスドクをぜひとりたい！と思っている米国や欧州のPIはたくさんいます．現地に行ってからアプライできる奨学金もありますし，留学先から海外特別研究員やHuman Frontier Science Programのフェローを狙ってもよいわけで，まずは「博士号をとったらさっさと留学するぞ」と決めることが肝要です．

経験・哲学・人脈を求むべし

留学先を探すにあたって、何を学ぶべきなのかを真摯に考えました。その結果、特定の技術や研究分野を学ぶために留学してもあまり意味がないと考えるようになりました。日進月歩に技術が進む現代にあっては、先端技術もすぐに陳腐化するためそれだけで安泰なわけでもなく、研究分野も変遷著しいため、ポスドク先で修めた分野がその後のキャリアを支えてくれる保証もありません。「ポスドク先で見つけた遺伝子で一生食っていける」古き良き時代はとっくに終わっています。特定の技術や分野を学ぶだけでよいなら、日本で共同研究でも組んだほうが早いでしょう。

そのような現状のなかで、留学の価値は、新しい環境で経験を積み、新しい研究哲学に触れ、外国に人脈を広げるところにあるでしょう。私の場合は、坂野先生の研究室ではマウスの遺伝学を用いて嗅覚受容体の発現制御と末梢嗅覚組織の発生を研究していたので、ポスドク先ではもっと脳内奥深く嗅覚中枢に行きたいという漠然とした考えがありました。また、脳の研究に分子遺伝学を大胆に適用するには当時のツールでは不十分で、新しいメソッド開発を活発にやっているところに行きたいという希望もありました。このように漠然と方針を決めたら、次はアプライ先のラボを考えることになります。

天命を待つべし

私の意見は、街と食事を選ぶべきだということです。自分の進むべき道を自分でデザインできるというのは誇大な妄想というべきで、実際の研究人生はもっと気まぐれな運命の掌のうえを転がっているようなものですから、最低限の権利として、気分のよい街・おいしく食べられる食材（の手に入る環境）を選ぶ権利を手放すべきではありません。ちなみに、スタンフォード大学のあるパロアルトは家賃が高騰している点を除くと、街と食事は申し分ありませんでした。ただし、天候がよいのはラボにこもって研究する人生には無用のパラメータでした。

分野・方針・地域がおおむね決まったら、あとはメールをたくさん出すだけです。闇雲に出しても特に害はないので、少しでもピンとくるものがあればとりあえず出しておけばよいと思います。むろん、コラボ経験があったり、共通の知り合いがいたり、大学院の先生が紹介してくれたり、といったボーナスがあれば、返信が返ってくる確率は高まるでしょう。

私の場合、不勉強な院生であったためアメリカのPIの名前や仕事をほとんど把握しておらず、思いつく名前が片手に数えるほどしかありませんでした。そんななかで小賢しく考えて出したメールはほとんど無視されましたが、たまたま学部同期の小宮山君が大学院留学していた先のLiqun Luo先生に出したメールには返信があり、インタビューに誘っていただきました。大学院後半からもう少し違う分野も含めて総説を読んだり勉強したりしておくと、選択の幅が広がったのではないかと思います。

インタビューの形式はラボごとに少し違いがありますが、多くの場合、自分のこれまでの仕事を1時間程度のセミナー形式で話し、質疑応答。それから今度はラボメンバーと1：1のdiscussionを何人も行います。最後に、ディナーに連れていってもらえる（ここでも社交性や人柄をみられているかもしれません…）ところが多

いようです．ポスドク候補を採用するかどうかは，セミナーの出来具合，質疑応答の的確さに加えて，ラボメンバーとの個別discussionの印象も重視される可能性があります．私の聞いた話では，ラボメンバーの1人でもNOと言ったら不採用という厳格なルールを設けているところもあるそうです．

最近では外国からの候補者はスカイプ面接などですませるラボも多いようですが，ポスドク面接は学位審査と並んで博士課程の総仕上げであり，自立した研究者の第一歩なので，可能なかぎり挑戦してほしいと思います．国際学会のついでに立ち寄るのがベストです．

若いボス or 大御所で悩むべからず

よく留学仲間との飲み会で議論になるのが，留学するなら駆け出しの若いボスのところに行くのがよいのか，それとも分野の大御所を狙ったほうがよいのかということですが，これは飲み屋談義に向いた議題です．つまり正解がないのです．

若手はうまくrising starを捕まえられれば二人三脚でラボの黎明期に立ち会うことができ，ラボ運営のイロハを実務的に学ぶことができ，しかもラボ内には競合相手が少ないので成果を寡占できます．しかし，ハズレを引くとポスドクとの距離感がつかめておらず，神経質な過干渉に悩まされ，立ち上げ期の雑用に追われ，ラボの各技術は未熟で，しかもせっかく出した成果はボスの次のテーマになるためにとり上げられます．一方の大御所は安定感がありますが，そのぶんラボ内の競合が激しかったり，貢献が分散してしまったり，あるいはほとんどボスと話をするチャンスがなかったりします（これは美点に数えてもよいかもしれませんが）．

私の個人的な「狙い目」は，「そこそこ自分の分野を確立して中堅に入りつつあるPIで，新しい領域に踏み出そうとしている」あたりです．その領域の一番手としてラボ入りできれば，若手PIの躍動感と大御所の安定感の真ん中あたりが狙えるはずです．ただし，これは論文を追っていてもみえてこない情報で（論文に出てくるのは何年も後なので），何らかの内部情報を仕入れるか（先に留学している先輩などからの情報が役に立ちます），あるいは勘を張る必要があります．だいたいテニュア審査を終えたあたりで一段落感のあるPIは新路線を狙っているものなので，適当に振ってみると意外と当たるものです．

私自身は，ハエの画期的な遺伝学的モザイク法MARCMで一世を風靡したLiqun Luo先生が次はマウスで同じような遺伝学トリックをいろいろ考えているだろう…と予想していたのと，小宮山君から仕入れた裏情報をもとに，当時まだマウスの論文が1本もなかった時代のLuoラボに行くことを決めました．今ではLuoラボの半数以上がマウスの研究者となり，分子遺伝学を駆使した神経回路の可視化と発生メカニズムの研究で，リーディングラボの1つと見なされるまでに成長しています．この過程に寄り添い，内部からじっくり観察できた（若干貢献もできた）のは，私の留学体験の成果とするところです．

英語を案ずるより
趣味と研究を愉しむべし

英語の失敗はたくさんありますが，私の代表的なものは，バーでチェイサーにwaterを頼んだらvodkaが出てきたとか，「掛け布団」のよび名がわからず家具屋の床でパントマイムを演じる

羽目になった（その結果，掛け布団用のカヴァーを買わされました）とか，笑い話が多いようです．留学前には英語力が当然心配になるのですが，実際に行ってみると問題は語学力（だけ）ではなく，むしろコミュニケーションの基盤となる共通の教養・趣味・興味・話題の欠如が深刻であることがわかります（特にラボパーティーなどのソーシャルイベントで困ります）．この点，ネコが好きだったり，ラーメン道に詳しかったり，料理が得意だったり，映画をよく見ていたり（"ヱヴァ"の深い解釈をもっていたり），何かしらの趣味を磨いていると多いに助けになるでしょう．そして何より，研究において信頼され，他のラボメンバーの模範となることが最大のコミュニケーション術といえるでしょう．愉悦に勝る勉励はなし．研究と趣味とを大いに愉しみましょう．

（掲載 2015/08/19, http://uja-info.org/findingourway/post/1314/ を一部修正）

留学準備 編

第4章
留学助成金を獲得する

早野元詞

　何につけても先立つものはお金．せちがらい世の中ですが，実際に海外で生活するためには資金が必要ですよね．これからご自身，またはご家族が日本での仕事を辞めて海外へ留学を開始する際に，留学助成金は必要不可欠です．日本では大学，製薬会社，研究費助成団体が留学助成を行っています．さらに，留学先でもその国で研究を行う研究者へ向けて多くの留学助成金が用意されているため，選択肢は非常に多いといえます．

　しかし，必ずしも情報は整備されておらず，どこで情報を得たらいいのか？さらに，獲得するためにはどうしたらいいのか？など疑問はつきません．留学助成金は，生活のセットアップだけでなく，海外での研究の自由度を上げ，その後のキャリアに影響します．この章では，学位をすでに取得されている方を対象として，留学助成金の種類，獲得方法のノウハウ，そして獲得の意義について焦点を当てます．最後に，海外の大学院への進学のための奨学金と助成金についても少し述べたいと思います．

1　留学助成金の獲得に必要な条件を事前に知って計画する

　研究には膨大な時間と労力が必要とされ，生活の基盤を整えることが研

究を行ううえで最初に行うべきことでしょう．古来より天文学の父と称されたガリレオ・ガリレイも，メディチ家の支援を受けて研究成果が花開いたとされ，日本においても研究は民間および国の支援があってはじめて成り立ちます．

　研究者を志す博士課程の学生の方は，日本の大学院に進学する際に奨学金や助成金に応募したことがあるかと思います．これから研究者をめざす方も，学部や修士課程で奨学金に応募したことはありませんか？例えば，日本学術振興会の特別研究員制度（DC1）は，博士課程に進む学生を毎年新たに700名ほど，毎月20万円，3年間の助成を行います．この助成金は長期的に研究や勉強に没頭できる時間をサポートし，将来のキャリア形成に有利にはたらきます．

✳海外ではバイトしながら留学はできない

　海外に留学する際も例外ではありません．例えば，アメリカで研究者として留学する際のビザは，交換留学生（Exchange Visitor）としてJ-1ビザになります．しかし，主に大学の研究者として留学するため，目的以外の就業活動で賃金を得ることはできません．そのため，海外で研究を行うためには貯金を切り崩すか，助成金を獲得するしかありません（M.D.の方は夏休みだけ日本に一時帰国して留学資金調達のためにバイトする，なんていう裏技も聞きますが…）．

　えー？海外でバイトしながら留学はできないの？という方へ．では，どうやって留学にあたって助成金を獲得すればよいのでしょう．

✳留学のプランを考えよう

●学位をとってすぐ留学がオススメ

　そう，何事もまずは備えです．留学のプランを考えましょう．留学のタイミングは，それぞれの卒業・学位授与のタイミング，研究論文がまとま

る時期などさまざま異なり，個人個人で事情が異なります．

　しかしながら留学するうえでオススメする点は，「**学位をとったらできるだけ早く留学すること**」です．その最も大きな理由は，ポスドク用の助成金のほとんどは「**学位をとってから応募できる期間が限定されている**」からです．さらに，日本で応募できる助成金には「年齢制限」が課せられるケースが多いため，臨床をした後にPh.D.をとった医師の方には応募できる助成金が限定されることがあります．

●留学前から準備しよう

　ここにもう1点だけつけ加えると，アメリカにおいては卒業し学位をとった後に同じ研究室にポスドク（腰掛け）としてとどまることはマイナスにはたらきます．学位をとった後に次の就職先が決まらなかったという心象を与えるため（私の留学体験記⑮参照），留学を考える場合は，学位をとるできれば「**2年前から準備**」を始めましょう．

　しかし，「そんな前から留学を考えるなんて無理無理！」って方も多いでしょう．そんな方はひとまず研究に専念し，積極的に国際学会に参加して海外の研究者とのネットワークを広げておくと挽回可能です．私も留学する際に，研究分野を変更して新しいことに挑戦したかったため，「留学先」，「研究分野の移行」，「助成金」という3つの壁に当たりました．

●国際学会で推薦書の書き手を探そう

　留学助成金を応募するにあたって最低限必要なこと．それは，留学先からの受け入れる旨の受諾書と推薦書です．特に海外の助成金の場合，留学先の教授の推薦書に加え，時としてさらに3つの推薦書が応募に必要なことがあります．**推薦書は海外において人材の評価のために重要視される書類の1つです**．留学先からオファーをもらう際にも推薦書は必要です．書いてもらう人も重要なため，事前に留学先の教授，推薦書を書いてもらう方を含め，国際学会へ出かけてネットワーキングをしておきましょう．

2 留学助成金を探す

海外留学助成金は、日本の政府や民間団体から支給されるものと、海外の留学先で同じく政府、民間団体から支給されるものの2種類があり、それぞれ異なる応募条件（例えば国籍、年齢、学位）があります。では、どうやって探したらよいのでしょう？

✲日本の助成金

日本の助成金については、日本学術振興会、上原記念生命科学財団、内藤記念科学振興財団、第一三共生命科学研究振興財団、中冨健康科学振興財団など一覧としてまとめてあるウェブサイトがいくつかあります。**表1**にもまとめましたので参照ください。そのため、応募時期や学位の有無、年齢、そして大学や研究所からの推薦の有無を確認して、応募締め切りを守って提出するとよいでしょう。

1点だけ、国内の助成金で見逃しがちな点は、日本学術振興会の特別研究員です。募集要項に「渡航期間は特別研究員–DC、PDについては採用期間の1/2以内、特別研究員–SPDについては採用期間の2/3以内」とあります。つまり、この国内の研究員のシステムを使って海外へ1～2年留学が可能だということに留意しておくと、これを使って海外へ留学を開始して、海外で他の助成金申請を開始し、スムーズに4年以上の留学を確保できる場合もあります。

✲アメリカなどの助成金

一方、海外の留学先の政府や民間企業から支給される助成金の情報については、残念ながらまとめられたサイトは存在しません。**表1**にまとめましたが、UJAではアメリカ、ヨーロッパなどで得られる助成金をFacebook（https://www.facebook.com/UJAW2015/）で公開するとともに（**図1**）、

表1 ● 助成金一覧

日本の助成金	助成団体	サポート
持田記念医学薬学振興財団，留学補助金	持田記念医学薬学振興財団	50万円
第一三共生命科学研究振興財団，海外留学奨学研究助成	第一三共生命科学研究振興財団	月額25万円（50万円/2カ月）を2年間，総額600万円
日本分子生物学会 若手研究助成 富澤純一・桂子 基金	若手研究助成 富澤純一・桂子 基金	300万円
海外特別研究員	日本学術振興会	年額約380万円〜520万円
特別研究員（PD）	日本学術振興会	362,000円/月
上原記念生命科学財団，海外留学助成	上原記念生命科学財団	400万円以内
かなえ医薬振興財団，海外留学助成	かなえ医薬振興財団	100万円
中冨健康科学振興財団，留学助成	中冨健康科学振興財団	50万円
内藤記念科学振興財団，内藤記念海外研究留学助成	内藤記念科学振興財団	450万円
基礎科学研究助成	住友財団	最大500万円
国際交流助成	中山人間科学振興財団	10〜50万円
長期間派遣援助	山田科学振興財団	10,000USドル〜/人（滞在費，滞在中の国内旅費，渡航費など）
国際プロジェクトの助成金	助成団体	サポート
The Human Frontier Science Program	The Human Frontier Science Program	46,800ドル〜/年（USAの場合）
アメリカの助成金		サポート
Glenn/AFAR Postdoctoral Fellowship Program for Translational Research on Aging	The Glenn Foundation for Medical Research	49,000ドルと60,000ドル
The American Lung Association Awards and Grants Program, Senior Research Training Fellowship	The American Lung Association	32,500ドル/年
The ASH Research Training Award for Fellows	The American Society of Hematology	55,000ドル/年
Career Development Program	The Leukemia & Lymphoma Society (LLS)	55,000ドル/年
The Helen Hay Whitney Foundation Fellowship	The Helen Hay Whitney Foundation	51,000ドル/年
Life Science Research Foundation Fellowship	Life Sciences Research Foundation	60,000ドル/年
NIH K awards series（fellow to faculty career development）	NIH	卒業後年数による
NIH F fellowship awards series	NIH	卒業後年数による
AHA（American Heart Association）Postdoctoral Fellowship	American Heart Association	卒業後年数による
ASN（American Society of Nephrology）Research Fellowships	American Society of Nephrology	50,000ドル/年
AST/TIRN Fellowship Research Grant	American Society of Transplant, Transplant immunology research network	50,000ドル/年

助成期間	URL
1回	http://www.mochida.co.jp/zaidan/ryugaku.html
最大2年間	http://www.ds-fdn.or.jp/support/studying_abroad.html
1年間	http://mbsj.jp/admins/tomizawafund/6th-boshuu.html
2年間	https://www.jsps.go.jp/j-ab/ab_sin.html
3年間	https://www.jsps.go.jp/j-pd/pd_sin.html
1～2年間	https://ueharazaidan.yoshida-p.net/essential.html
1年間	http://www.kanae-zaidan.com/aid/study_abroad.html
1年間	https://www.nakatomi.or.jp/contribution/index2.html
1年間	https://www.naito-f.or.jp/jp/joseikn/jo_index.php?data=detail&grant_id=RYU
原則1年間，更新1年あり	http://www.sumitomo.or.jp/
1回	http://nakayamashoten.jp/wordpress/zaidan/
1回	http://www.yamadazaidan.jp/jigyo/bosyu_tyouki.html#04

助成期間	URL
3年間	http://www.hfsp.org/funding/postdoctoral-fellowships/guidelines

助成期間	URL
1年間	http://www.afar.org/research/funding/glenn-postdoc/
2年間	http://www.lung.org/our-initiatives/research/awards-and-grant-funding/opportunities.html
1年間	http://www.hematology.org/Awards/Career-Training/435.aspx
3年間	http://www.lls.org/research/career-development-program
3年間	http://www.hhwf.org/HTMLSrc/ResearchFellowships.html
3年間	http://www.lsrf.org/apply/application-instructions
5年間	https://researchtraining.nih.gov/programs/career-development
3年以内	https://researchtraining.nih.gov/programs/fellowships
2年間	https://professional.heart.org/professional/ResearchPrograms/ApplicationInformation/UCM_443314_Postdoctoral-Fellowship.jsp
2年以内	https://www.asn-online.org/grants/fellowships/
2年以内	http://www.tirn.org/pdfs/AST%20TIRN%20Grants%20Info%20Packet%20for%202016%20Fellowship%20Research%20Grants.pdf

（次ページに続く）

表1 ● 助成金一覧（続き）

アメリカの助成金	助成団体	サポート
Breakthrough Award Levels 1-2 (Breast Cancer)	CDMRP（Dept. of Defense）	最大375,000ドル（level1）もしくは最大750,000ドル（level2）
Breakthrough Fellowship Award (Breast Cancer)	CDMRP（Dept. of Defense）	最大300,000ドル
Susan G Komen Postdoctoral Fellowship Grant (Breast Cancer)	Susan G Komen	60,000ドル/年
The Postdoctoral Fellowship (Cancer)	The Hope Funds for Cancer Research	50,000ドル/年
The Ann Schreiber Mentored Investigator Award (Ovarian Cancer)	Ovarian Cancer Research Fund	75,000ドル
ヨーロッパの助成金	**助成団体**	**サポート**
Innovative Training Networks (ITN)	The Marie Skłodowska-Curie actions	国により異なる
Individual Fellowships (IF)	The Marie Skłodowska-Curie actions	国により異なる
Allocations de recherche doctorales	La Ligue Contre le Cancer	記載なし（通常は1,600ユーロ/月）
Allocations de recherche post-doctorales	La Ligue Contre le Cancer	記載なし
Aide individuelles jeunes chercheurs/ aides doctorales	Fondation ARC	1684,93ユーロ/月（in 2010）
Aide individuelles jeunes chercheurs/ aides post-doctorales	Fondation ARC	2,707ユーロ/月（Premier Post Doc），3,215ユーロ/月（Post Doc expérimenté）
Canon Foundation Fellowships	Canon Fundation in Europe	22,500～27,500ユーロ/年
Long-Term Fellowship	EMBO	25,000～60,000ユーロ（国により異なる）
Short-Term Fellowship	EMBO	記載なし
Humboldt Research Fellowship for Postdoctoral Researchers	Alexander von Humboldt-Foundation	2,650ユーロ/月
Humboldt Research Fellowship for Experienced Researchers	Alexander von Humboldt-Foundation	3,150ユーロ/月
Leibniz - DAAD Research Fellowships	DAAD/Leibiz Association	2,000ユーロ/月
FEBS Long-Term Fellowships	FEBS	国により異なる
FEBS Short-Term Fellowships	FEBS	生活費，旅費
Return-To-Europe Fellowships	FEBS	国により異なる
Co-sponsored Research Fellowships	Canon Foundation in Europe	2,000ユーロ/月+家族手当，旅費
The GEN FOUNDATION	The Gene FOUNDATION	500～5,000ユーロ（申請者による）

助成期間	URL
3年間（level1）もしくは3年間（level2）	http://cdmrp.army.mil/pubs/press/2016/16bcrppreann.shtml
3年間	http://cdmrp.army.mil/pubs/press/2016/16bcrppreann.shtml
2～3年間	http://ww5.komen.org/ResearchGrants/FundingOpportunities.html
3年間	http://www.hope-funds.org/grants/eligibility-and-application/
1～2年間	http://www.ocrf.org/for-grantseekers/current-grant-programs

助成期間	URL
3年間	http://ec.europa.eu/research/mariecurieactions/about-msca/actions/itn/index_en.htm
1～2年間	http://ec.europa.eu/research/mariecurieactions/about-msca/actions/if/index_en.htm
3年間	https://www.ligue-cancer.net/article/27236_appels-projets-recherche
3年間	https://www.ligue-cancer.net/article/27236_appels-projets-recherche
2年以内	http://www.recherche-cancer.net/financement/aides-individuelles-jeunes-chercheurs.html
3年以内	http://www.recherche-cancer.net/financement/aides-individuelles-jeunes-chercheurs.html
3カ月～1年間	http://www.canonfoundation.org/
1～2年間	http://www.embo.org/funding-awards/fellowships/long-term-fellowships
3カ月間	http://www.embo.org/funding-awards/fellowships/short-term-fellowships
6～24カ月間	https://www.humboldt-foundation.de/web/humboldt-fellowship-postdoc.html
6～18カ月間	https://www.humboldt-foundation.de/web/humboldt-fellowship-experienced.html
12カ月間	https://www.daad.de/medien/deutschland/stipendien/formulare/leibniz-announcement-2016.pdf
1～3年間	http://www.febs.org/our-activities/fellowships/long-term-fellowships/
2カ月以内	http://www.febs.org/our-activities/fellowships/febs-short-term-fellowships/
2年間	http://www.febs.org/our-activities/fellowships/return-to-europe/
1年間	http://www.canonfoundation.org/programmes/co-sponsored-research-fellowships
1回	http://www.genfoundation.org.uk/jpn/about.html

（2016年9月現在）

図1 ● UJAのFacebook
留学や研究，生活に有用な情報を共有しています．

まとめられた情報をウェブサイト（http://uja-info.org/）にて公開しますので，チェックしてみてください．

少しだけ，ここで紹介すると

- **The Human Frontier Science Program（HFSP）**：日本から，そして留学して1年未満の状態で応募できる助成金です．研究分野を転換し，海外へ留学する基礎研究を行う方を3年間サポートするフェローシップを備えています．HFSPに加盟している国ならどこでも留学が可能で，採用人数約50名のうち2〜3名が日本人として採択されています．支援額はアメリカなら46,800ドル〜/年で，子ども手当もつきます．

- **The Helen Hay Whitney Foundation Fellowship**：アメリカで行うBio-medicalの研究に対して，51,000ドル/年を3年間支援．しかし，ポスドクを2年以上経験している方は応募できません．

- **Life Sciences Research Foundation Fellowship**：アメリカでbiologyの研究を行う，Ph.D., M.D.などの学位を取得して5年未満の方を，3年間，60,000ドル/年サポートします．

- **The Leukemia & Lymphoma Society（LLS）のCareer Development Program**：血液がんに関与する研究を行う，Ph.DやM.D.を保持する研究者を，3年間，55,000ドル/年サポートします．

他にも，研究内容に細分化された，さまざまなアメリカ，カナダで行う研究の助成金があります．

✱ ヨーロッパ（EU加盟国）の助成金

一方，ヨーロッパのEU加盟国で行う研究については，日欧産業協力センターなど情報を提供しサポートする団体が存在するため，ヨーロッパでの留学に興味がある際はコンタクトをとってみるとよいでしょう．ヨーロッパでの助成金には

- **The Marie Skłodowska-Curie actions**：博士の学位を取得したい場合に3年間のサポート，学位を取得後に1〜2年間のポスドクとして助成金を提供．
- **EMBOが提供するLong-term Fellowship**：学位を取得して2年以内の方を1〜2年サポート．

さらに，

- **Canon Fundation in Europeが提供するCo-sponsored Research Fellowships**：修士を取得して10年以内の方を，3カ月〜1年，22,500〜27,500ユーロ/年サポート．
- **La Ligue Contre le CancerのAllocations de recherche post-doctorales**：フランスで研究を行う場合に3年間サポート．
- **Humboldt Research Fellowship for Postdoctoral Researchers**：ドイツで行う研究を6〜24カ月サポート．

など，国ごとのサポートもあります（表1）．

✴英語で申請すると広がる可能性

「何っ!!こんなにあるなんて!」というように,じつは日本の助成金は一部にすぎず,**英語で書類を書くと可能性が10倍以上広がります**.まずは小さい助成金を獲得して,海外留学を開始した後に次の助成金を海外で応募するということも選択肢の1つです.よりよい環境は戦って勝ちとるしかありません.競争的資金に挑戦しましょう.

ただし,海外の助成金の応募にはビザが必要なことがあるため,ビザが必要かどうかの事前の確認は重要です.

一番確実な方法は,留学する地域の研究者コミュニティをUJA参加コミュニティのリスト(「参加コミュニティ」http://uja-info.org/communities/,付録参照)などから検索する,JSPS(学術振興会)の海外支部に連絡をとってみるなど,コンタクトをとって現地の研究者に聞くと地域の情報なども手に入って一石二鳥!!

3 申請書を作成する

申請する助成金を決めたら,申請に必要な情報を入手しましょう.

✴必要な推薦書の数に注意

特に重要なのは推薦書の数です.**助成金によっては4通必要です**.

日本学術振興会の海外特別研究員では,現在の指導教官から推薦書1通,留学先の研究室から受入意思確認書だけ,他の国内の助成金も同じようなものなので,この点は簡単です.ですが,国内の助成金は一時的なもので長期的な留学に向かないので,結局は留学中に海外の助成金に応募するか,研究室のボスに給料の交渉をすることになります.

日本国内の申請書は,日本語で申請書類も短いため,医師の方で時間が

ない状態で留学助成金に応募する際に向いているかもしれません．海外のものは英語で書き，申請書も長く，推薦書も多いため，非常に多くの時間が必要になります．しかしサポートは手厚く，その後のキャリアの支援も時にあるため，海外に長期留学するかどうか決めていない方は特に挑戦することを強くお勧めします．

✲書き方のポイント

書き方については国内，海外で変わりません．

●研究の目的

研究の目的は，一番最初に目につきます．明確にわかりやすく書きましょう．申請書を読んで審査するレフェリーは2～3名の場合が多く，自分の研究と同じ分野の方とは限りません．自分は新しい，おもしろいと思っても，読む人を「感動，納得」させなければ申請書として価値はありません．書く側ではなく，読む側の立場に立って，なぜこの研究をやるのか，まとめる力が大切です．

●研究のプロポーザル

研究のプロポーザルも同じく，Reviewのようにすべて説明する必要はありません．簡潔に，研究内容に関係するbackgroundを丁寧に書き，どのように研究を進めていくのか，コラボレーションなど援助がある場合は書き，バックアップのプランも練っておきましょう．実効性があるな！これは達成できそうだ！と思わせることが大切です．

●研究の新規性

最後に，研究の新規性，独自性，意義についての説明．使う細胞が違う，機械が最新など一部の細かいテクニックが今までと違うので新しい，おもしろいは通用しません．むしろ「アイデア」として，誰も考えなかったアプローチ，独自性があり，「世界を変えうる」研究である！といった，ちょっとしたover sellくらいしてもバチは当たりませんよ．

4 競争資金を獲得することのインセンティブ

●ラボ内の立場向上

留学助成金を獲得することは，生活を安定させるだけではありません．留学においては，研究室のPIと実験の方向性が違う際に，研究室から給料を受けとっている場合と，自前の助成金があるのでは，説得力，柔軟性が違います．意見が異なってどうしようもない，ラボが捏造を指示してきて困った！などといった場合に研究室を変えることも比較的楽なので，心的ストレスも少ないといえます．

●キャリアアップの弾み

また助成金は競争資金のため，履歴書が強化されます．論文のpublicationも大切ですが，このような資金を獲得できる人材ということは科研費（グラント）を獲得できる人材とみなされ，将来的に研究室を主催するPIとしてジョブハントをする際に評価されます．

さらに大きく違う点．それはフェローシップをとったことのある研究者にだけ，その後のキャリアもサポートするグラントへ応募する権利が得られることです．例えば，HFSPのCareer development grant，そしてFellowとcareer suportが一体化したNIHのK99 grantもそうでしょう（第13章参照）．キャリア構築のためにフェローシップを勝ちとる．こういう考え方が正しいかと思います．

 ## 5 海外留学助成金の問題点

多くの海外留学助成金，海外での研究助成金には，Ph.D., M.D.などの学位を取得してから応募できる年数に制限があるため，博士課程の非常に早い段階から留学の準備を進めなくてはいけません．これはM.D.の方に

とっては臨床の経験を積んだ後，留学する際には非常に不利にはたらきます．

そして，多くの助成金はそれだけでは1年も生活できない，物価の高い地域には行けない場合が多いため，貯金を切り崩しながら，次の助成金に海外から応募する必要に迫られます．助成金，実験，キャリアの構築．これらを同時にやりながら家族と海外で過ごすことはたいへん困難なため，助成金やグラントを含めたキャリアの構築をサポートするシステムが必要でしょう．

◆ ◆ ◆

もし，学位をとってすぐの留学が難しい場合，学位をとってからの年齢制限がないものなどを選択するか，留学先のボスへ給料の交渉をすることになります．大御所の有名な教授のもとには1日に50件ほどの応募が来て，みんなフェローシップをもってきます．そのため，給料の交渉などを行う場合は，地方の大学や，若手を選択するほうがいいかもしれません．

6 海外の大学・大学院への留学用奨学金および助成金について

できるだけ若いうちに海外に留学したほうが刺激を吸収しやすいし，海外の環境に溶け込んで友だちをつくりやすいのはまちがいありません．

日本の高校では受験戦争に勝つ術に目を奪われがちで，大学では試験やバイト，就職活動に時間をとられてしまい，海外留学など考えたこともないと思います．しかし，じつは日本から海外への留学をサポートする奨学金および助成金は充実しており，自然科学だけでなく，法学，経済学など選択肢は無限大です．留学をサポートする団体も多くあるため，コンタクトをとってみてはいかが？

奨学金，助成金の例として，

- 竹中育英会：修士は2年，博士5年
- 経団連国際教育交流財団：1〜2年
- 吉田育英会：2年以内のサポート

があります．他にも，

- アメリカ；AHA（American Heart Association）Predoctoral Fellowship：2年
- アメリカ；海外留学支援制度（大学院学位取得型）：2年
- カナダ；ヴァニエ・カナダ大学院奨学金：3年
- フランス；フランス政府給費留学生：半年〜1年
- ドイツ；IMPRS（International Max Planck Research Schools）：3年
- みずほ国際交流奨学財団：アジアへの留学をサポート

などがあります．ぜひトライしてみてください．

◆ ◆ ◆

　助成金は提出しないと獲得できる確率は0ですが，出すと意外にも獲得できて将来の道が開けることもあります．海外留学に少しでも興味があれば，語学力やpublicationの数を考えないで，まずは自分の可能性を信じて助成金へトライしてみませんか？

So let's get started to develop your career!!

助成金ぱわー

早野元詞

　アメリカ、ボストンは小さな街にHarvard大学、MIT、Boston大学、North Eastern大学、Tufts大学など魅力的な大学があふれる学術都市で、研究レベルは世界トップレベルの環境にあります．しかし裏を返せば「ブランド」欲しさに人は自動的にいくらでも集まるため、ポスドクの給料は安く設定されています．家賃が最低でも毎月15万円、家族がいたら20万円もするのに！

　人材が豊富なボストンでは、誰が優秀かを選別する1つの材料としてフェローシップが効果を発揮し、安定した給料を数年間提供します．

　さらに、ボスはボスで研究室を主宰する側としても競争が激しいこともあって「予想どおり」卑劣な条件、捏造が横行する研究室が多いと感じます．これは研究レベルが高く競争が激しいことの裏返しでもあって、そんな「ババ」を引いてしまったポスドクはたまったもんじゃありません．そうならないために事前に面接をして、周りの人からラボの評判を聞くことをお勧めしますが、それでも「ババ」は巧妙な罠をしかけてきます．さらに、いいラボだったとしてもラボのなかで「ババ」としか思えない研究タイトルを引くことだってあります．

　−30℃近くのうつになりそうな極寒のボストンでいじめられたとき、「ラボから給料もらってないし！」「嫌いなので別のラボに行きます!!! ムキーっ！」っていえるスーパーぱわーを助成金が与えてくれます．そして実際問題、海外の有名なフェローシップをもっているポスドクの研究の話は、つまらなくてもなぜか「これ、もしかしてすごい研究なんじゃないか？」って思える七不思議．

私の留学体験記 ④

Finding our way

こんな僕・私でも留学できますか？

留学先 ● ノースカロライナ大学ラインバーガーがん研究所（アメリカ）
期　間 ● 2013〜2016年
誰　と ● 妻，子ども

齊藤亮一（京都大学大学院医学研究科）

　私は1999年に医学部卒業後，泌尿器外科医師として9年間修行を積んだのち，2008年から基礎研究の道に入りました．そして40歳になった2013年7月から米国ノースカロライナ州チャペルヒルにあるノースカロライナ大学ラインバーガーがん研究所 Kim ラボにポスドクとして留学しています（2015年当時）．このコラム執筆のお話をいただいたとき，担当テーマがまさに留学前に自問していたことであったので，同じような悩みや不安を抱える方の一助となればと思い，喜んで書かせていただきました．

　皆さんが留学して海外で学んでみたい，自分の力を試してみたいと漠然と考えている段階から，いざ留学先を探して海外でチャレンジしてみようと決心したとき，具体的に何を考え，どんな不安をおもちでしょうか？それはそのときの社会的状況によって多種多様であろうと思いますが，おおまかに3つの項目に分けて考えてみたいと思います．

①留学先でうまくやっていけるだろうか？―研究生活に関する不安

　海外留学を前にして考えることは，受け入れ先でどんな研究ができるのか，PIとポスドクとの人間関係は良好か，といった実際の研究生活に関することだと思います．多くのケースでは，ラボ訪問，インタビューを経て採用されるかどうかが決まりますが，こちらにとってはそのラボで自分の力を如何なく発揮できるかどうかを見定める絶好の機会です．とはいえ，そのラボにうまく適応できるか否かをどのように判断したらよいのでしょうか？

　私の場合は，これまでの在籍者のその後のキャリアパスや，現在のラボメンバーがどうしてそのラボを選んだのかについて質問しました．そして最も大切なのは，彼らが互いに協力しながら楽しく仕事をしているかどうかという点です．渡米前，外国人は個人主義だから助け合いなどないのだろうと偏見に満ちていましたが，現在私の所属する研究所では，試薬の貸し借りや機器の共同利用など，ラボ間の助け合い精神は日本とは比べものになりませんし，ラボ内での業務分担もうまく機能しています．

②もう若手ではないけど留学してもいいのだろうか？―年齢についての心配

　30歳前後の若い研究者の方は渡航時の年齢を気にされることはないと思いますが，私のように医師としてある程度勤務したのち研究生活に入るパターンでは，学位取得後30歳台半ば〜40歳前後で留学することになります．その場合，臨床医としてのトレーニングを中断することについて不安に思うこともあると思います．しかし，新しい環境で全く別の価値観をもつ人たちのなかで生活し，仕事を行うことは，自分が行う研究内容そのものとその存在意義に対する自問自

答の連続であり，失うもの以上に多くのものを得られることはまちがいありません．

とはいえ，後述のアメリカ国内でのグラント獲得に向けては学位取得後何年以内といった制約がありますので，はじめから海外でのPIをめざす方にとっては，留学時の年齢が若いほうが有利なのはまちがいありません．

③お金がかかるのでは？経済的にやっていけるだろうか？
―財政面，特に住居や生活に関する問題

単身の方の場合，日本学術振興会などの補助金を獲得するか，現地でポスドクとして雇用してもらえれば生活には困ることはないと思います．

一方，家族で一緒に渡航する場合ですが，アメリカ国内では家族の人数によって，一定以上の広さの住居を借りる必要があります．わが家は5人家族ですので3 bed room以上の広さが必要ですが，田舎町に住んでいるため家賃が安く助かっています．しかし，大都市圏では治安を考慮して安全なところに住むとなると必然的に家賃が上がり，給与のかなりの部分を住居費用に費やすことになります．このように社会的状況や渡航予定期間によっては，学問的なこととは別のレベルで留学先を考えることも必要です．

他にもいろいろな心配事はつきないと思いますが，留学して新たな一歩を踏み出したいという強い意志があれば基本的に乗り越えられないことはないと思います．そのためにも，本書の他，さまざまなインターネット上の海外留学者向けウェブサイトや現地の日本人研究者のネットワーク（付録参照）を積極的に利用されることをお勧めします．

長文になりましたのでひとまずここで区切りとしますが，補足として米国内での研究費，補助金獲得について，個人的経験の範囲内で情報提供させていただきます．ご興味のある方はどうぞ参考になさってください．皆様の挑戦を応援しています．

《補足》米国内での補助金獲得について

Kimラボ（ノースカロライナ大学ラインバーガーがん研究所）では，ボスの方針でそれぞれの立場に応じたフェローシップ，グラント獲得を推進しています．私は2014年度，ACS（American Cancer Society）のPostdoc Fellowship（3年15万ドル，個人に給付）とBCAN（Bladder Cancer Advocatory Network）のYoung Investigator Award（2年10万ドル，ほぼすべて研究費）に応募して，幸運にも後者をいただくことができました．おかげでよほど高いものでなければ物品の購入は自由にさせてもらっています．

日本のラボの運営費においては科研費の占める割合が非常に高く，また人件費を自分自身で賄うという機会は日本学術振興会の特別研究員を除いてはほとんどないのではないかと思います．一方，アメリカは明確な実力主義であり，いい待遇を得ようと思えば自分で何とかしないといけません．アメリカでフェローシップやグラントに応募する際の注意点についていくつか記しておきます．

①**応募要件，特に在留資格（Visa status）や市民権（Citizenship）の有無に関する制約**：私はJ-1（交流訪問者）ビザで滞在していますので，J-1で申請可能なものにしか応募できません．2014年度，ACSはJ-1で応募可能だったのですが，2015年度再挑戦しようと思ったも

のの，応募要件がアメリカ国民，もしくはグリーンカード保持者に変更されていました．これはアメリカ国内の政治動向に関連しているのでどうしようもないのですが，とりあえず2〜3年滞在してうまくいけば長期滞在し，PIをめざしたいと考えてらっしゃる方は，J-1ビザでなく，はじめからH-1B（就労）ビザで申請し，そのままグリーンカード保持者につなげていける可能性を残しておくことをお勧めします．受け入れ先のボスの手間はほとんど変わりませんので遠慮なくH-1Bで申請してください．

② これまでの経歴と予備実験データを含めた申請書の内容の整合性と実現可能性：アメリカのフェローシップ申請書は，要旨，予備実験データ，本文だけで6ページ以上は書かないといけません．はじめは日本の若手向け研究費申請書に比べるとかなり長く感じました．

審査では，論文投稿時と同様に査読者が微に入り細をうがって批判的評価を行います．ACS（2014年度）の申請では膀胱がんのマウスモデルを軸の1つにしたのですが，2014年はじめのNature論文のSupplementの記述を根拠に，私の提案したモデルの問題点を指摘されました．こちらではフェローシップ獲得の競争が特に激しいので，論文投稿と同レベルの完全性を求められるということを認識しました．

また別の視点として，私の研究歴が浅く，Proposal（申請書本文のこと）にあることを申請期間に実現可能どうかを判断できるだけの予備実験が足りない，too ambitiousと指摘されました．いちいちごもっともでACSフェローシップは獲得できませんでしたが，こうしたら次はもっとよくなるよという感じで教育的な指摘を数多くもらえたので，好意的にとらえています．

それに関連して，米国のグラント，フェローシップは基本的に共通の申請システム（proposalCENTRAL https://proposalcentral.altum.com/）を使っているので，1つだめでも書式変更なしに次のところに応募できてとても便利です．渡航と同時に積極的にこのような機会を探して，どんどん挑戦していただければと思います．

（掲載 2015/06/18, http://uja-info.org/findingourway/post/1193/ を一部修正）

留学準備 編

第5章

オファーを勝ちとる①
〜留学希望ラボへのコンタクト，アプリケーションレター

佐々木敦朗

　世界中の人々へクリック1つでコンタクトできる今だからこそ，より深い理解と信頼関係を築く高いコミュニケーション力が必要です．留学先を探す過程においては，ときに全く面識のない偉い先生に対して，いきなりラボに入れてくださいとお願いすることになります．

　多くの場合，あなたはアプリケーションレターと履歴書（CV）を準備します．ここで最も重要なことは，必要な書類をとにかく形どおりしあげて送付することではなく，受け入れOKの返事をもらうことです．留学先候補の教授にどうコンタクトすればよいのか，あなたの可能性と熱意をどうやったら理解してもらえるか，いかに他の候補者との競合に勝ち抜くのか，待遇や条件の交渉はどうすればいいのか．留学先を探す段階からすでに，あなたの国際的なコミュニケーション能力が試されます．またその力を実践的に培う絶好の機会でもあるのです．

　本章と次章では，いかにして希望するラボから受け入れOKの返事をもらうのかにフォーカスします．本章ではまず，留学希望先へのコンタクトとアプリケーションレターの書き方についてディスカッションしたいと思います．

1 希望先へのコンタクトのツボ

あなたの興味のあるラボがその分野でトップクラスの著名なラボであれば，世界中から応募が殺到していると考えるべきです．ある意味，高嶺の花の彼/彼女に，300名のライバルがお付き合いを申し込んでいるような状況です．

振り向いてもらうためには，それに見合った熱意はもちろん，創意工夫が必要です．ただ「勉強させてください」という謙虚な姿勢だけでは振り向いてもらえません．あなたがそのラボに参加することで，相手にも大いにプラスになること（探していた専門性や技術，高い研究遂行能力，新たな研究の幅や人脈の広がりなど）があるとイメージさせることがとても大切です．

ライバルとの差別化をはかり，どうすれば留学受け入れのオファーを勝ちとることができるのか，留学先へのコンタクトのプロセスをみながら，一緒に考えていきましょう．

✽留学先へのコンタクトのしかた

留学先へのコンタクトのしかたは，主に次の4つがあります．

❶いきなりe-mail

思いついたらアプリケーションを瞬時に届けることができるのが最大のメリットであり，最も現代的なアプローチでしょう．

難点は，お返事をもらう率が他の方法に比べると低いことです．著名なラボ主宰者は，世界中からアプリケーションレターを山ほどもらっていますので，"！"とくるようなレターでなければスルーされてしまいます．定型文を用いて応募してしまうケースが多いのですが，これはチャンスを損ねています．礼を尽くした時候のあいさつなどいりません．**簡潔，具体的かつ的確に，その相手だけに向けたメッセージでグッとくるレター**を書くこ

とができれば，並みいる応募者のなかから際立ち，レスポンスを得る確率は急上昇します．

❷紹介

もし，あなたの留学したいラボに，何らかのツテを通じてコンタクトした場合，アプリケーションレターを読んで検討してもらえる確率は非常に高くなります．あなたの指導教官，または先輩や友人にコネクションがある場合は，ぜひお願いしましょう．**あなたを紹介するレターを書いてもらう**ことをお勧めします．

❸直接会う

直接会うことの大切さは今も昔も代わりません．見知らぬ相手の一方的なコンタクトは無視できても，握手して会話をした記憶がある相手からのアプローチには何にしても返事をするのが人情です．**学会などでディスカッションした後は，フォローアップも含めてお礼のメールを書いておきましょう**．きっと返事がもらえます．

相手がFacebookやLinkedinなどSNSをしているのなら，思い切ってつながっておくと，互いをより知ることができます．折をみてアプリケーションを出せば，きっと真剣に考慮してもらえます．

❹ラボ訪問

もう1つのお勧めは，そのラボを訪問することです．将来のポスドク先として興味があるから，もしくは自分の研究についてフィードバックをいただきたいから，時間をいただけませんか？と申し込むことになると思います．このとき，何かの学会や別のところの用事のついででよい機会なのでといえば，相手も気軽に応じやすく，会ってもらえる可能性は高くなるでしょう．

いきなり留学について切り出すのではなく，現在の研究やあなた自身についてみていただき，その後お礼のメールをします．会っているときに，これはイケルと思ったら，留学先について切り出してもよいとは思います．

しかし，まずは**研究者どうしの信頼関係とコネクションをつくる**ことを大切にしましょう．

✱ラボ主宰者がみているポイント

　私が2度目のポスドクを行ったハーバード大学のLew Cantley博士（現コーネル大学）のラボへは，1日30通ものアプリケーションレターが来ます．Cantley博士はどのような観点で候補を選定しているのでしょうか？私のみたところ，次のような点を大事にされています．多くのラボの主宰者の方も，これらの点をみていると思います．

❶出身ラボ

　よい研究を行っているラボの出身かどうか．つまり，信頼できるラボを卒業したことを担保とし，そのような環境で研究者としての素地を身に付けてきたかを検討します．

❷業績

　Cell，Nature，Scienceなどのトップ誌の業績は必要ありません．しかし，**それなりに各分野で著名な雑誌の論文をもっている**のは大事なようです．重要な課題へ取り組み，論文を書いて審査を経て受理されるまでの訓練を受けているかを判断しているのだと思います．

❸助成金（フェローシップ）

　助成金を得ている，または得る可能性が高いかについて検討されています．助成金があれば，とりあえずは人件費の心配をしなくてすみます（ちなみに，米国でのポスドク1人の年間の人件費は，保険など入れると年間6万ドル前後＝1ドル100円として600万円）．また，助成金を獲得できるという事実も，研究者としての実力をある程度は保証することになりますから，ラボとしてリスク少なく戦力アップが期待できます．

　多くのラボ主宰者は研究費の工面に腐心しており，「助成金がとれたら来ていいよ」という条件付きの受け入れもしばしばです．助成金獲得はタイ

ミングが大事になりますので，申請時期などを念頭に入れて留学先探しをされることをお勧めします（第4章参照）．

❹推薦書

応募者への指導教官などからの評判です．私もCantley博士から，できるだけ多くの推薦書を送ってくださいといわれました．特に私の場合は，すでにカリフォルニア大学サンディエゴ校でポスドクをしていたので，なぜラボを移るのか背景など確認されたかったのだと思います．博士課程での指導教官と現在の上司からの推薦書は大事です．

特別な事情がある場合（短い期間での異動，発表業績がない，など）は，その理由（家族の事情，ラボ予算などの都合で惜しいが出さざるをえない，まだ発表していないがいい論文を書いているところ，など）の説明をしてもらえると大いにプラスです．日本の先生に書いてもらうときは，形式的な美辞麗句よりも，できるだけ具体的に人物像と能力をアピールしていただくようにお願いしましょう．

❺熱意と積極性

Cantley博士は，例えば直接電話をしてくるような人物を評価するとおっしゃっていました．私は，彼のこうした評価のしかたについて事前に知ることができましたので，最初のアプリケーションレターに返事がなくともあきらめずに2回目を出したところ，お返事をいただくことができました．

2 強いアプリケーションレターの書き方

現在，私はラボ主宰者の側となり，それなりにアプリケーションレターをいただく立場になりました．日本の方からもいただくのですが，定型文が多く，せっかくポテンシャルがあるのに，損をされてるなあと思うことがあります．強いレターと，スルーされるレターには，それぞれ特徴があ

るので，ここで解説したいと思います．

✳︎弱いレター

❶定型文
たくさんの場所へ手あたりしだいにアプライしているように見てとれるもの．レター（メール）の冒頭，Dear Dr. xxxのxxxを書き換えているだけ．あなたのラボに興味があると書いてあるが，具体性がない．

❷自分中心
これまでの自分の研究や，自分の強みが延々と書いてあるが，それでもってこのラボに新しく何をもたらしてくれるかが書いていない．

❸根拠薄弱
いかに応募者が熱意があってすばらしいかを述べていても，そのエビデンスがない．具体的に何をどうがんばってどんなゴールを達成することができるのか，これまでのあなたの生きざまからの裏付けが大事．

❹読後感に不安をもたせる
誤字脱字，変な表現など．いいかげんで非常識な人間の印象をもってしまう．

✳︎強いレター

❶ラボへの強い関心
そのラボに対する具体的で強い興味と，めざすゴール，そしてそれに至る経緯から実現できる根拠までが論理的に書いてあり，ラボの強力な戦力になるという自負と期待を感じさせる内容．

❷読みやすい
読み手の立場に立って，これまでの研究やこれからの興味などの必要な情報が，適切な分量とわかりやすい構成で書いてある．忙しいラボ主宰者がストレスフリーに読める．

❸エビデンス

あなたの研究者としての能力や興味について，論文などの業績や関連性が根拠として示されている．

❹会ってみたいと思わせる

おもしろそう，これは得がたい人物かも，会って話をしてみたいなと思わせる文章．

✻弱いレター，強いレターの参考例

欧米人のレターの多くは感動するほどの内容です．しかし，こうしたアプリケーションレターの例は，ウェブ上でもそれほど多くは見受けられないように思います．プライベートなところがあり，きっと公開がためらわれるのでしょう．多分に恥ずかしいところですが，私が2002年と2004年に書いたレターを，次に提示いたします．一例としてご参考になれば幸いです．

●弱いレターの例

以下は2002年に佐々木がFirtel博士に出したアプリケーションレターです．指導教官であった吉村昭彦先生やラボメイトにチェックしてもらうことなく，勇み足で送信しました．フィードバックをもらっていれば，もっと強いレターを書けたことでしょう．こんなレターを読んで私を受け入れてくださったFirtel博士に感謝です．

Subject: Applycation Letter (Atsuo Sasaki, Kyushu-Univ. JAPAN) ❶

Dear Prof. Dr. Richard A. Firtel, ❷

I am writing this letter to ask you if there is a postdoctoral position available for which I could apply from late this year or early next year.

❶冒頭からスペルミス．顔から火が出そうです．

❷かなり変です．「Dear Dr. Firtel」がふつうです．「Dr. Richard A. Firtel」とフルネームを入れがちですが，マイナスポイントです．よく受け入れてくれたものです．

I am currently working as postdoctoral research fellow at Medical Institute of Bioregulation of Kyushu University under the supervision of Prof. Akihiko Yoshimura. I have studied the molecular mechanisms of growth factor signaling inhibition by CIS/SOCS as well as Sprouty/SPRED (Sprouty related protein) families using biochemical techniques. CIS/SOCS and SPRED family were cloned in our laboratory and negative regulators for JAK/STAT pathway and Ras/ERK pathway, respectively. Through these studies, I become to be interested in the in vivo function of signaling pathways especially in the cell migration and homeostasis. Although I have a little background of *Dictyostelium*, I was very much impressed with your studies. Thus, I strongly hope to have a chance to learn molecular biology using *Dictyostelium* system and study regulation of cell migration in your laboratory.

I am going to attend the Gordon Research Conference in Kimball Union Academy, Meriden NH, from 9-14 June this year. I would like to visit your laboratory sometime between 16 to 22 June inclusive and wonder whether this would be possible.

I would be very happy if I could have an opportunity to visit you and to work with you in your laboratory in the near future. I attached my curriculum vitae reprints to this e-mail for your reference.

Thank you very much for your consideration.

Sicerely yours,

Atsuo Sasaki

❸ "a" が抜けてますね．

❹ 分子名の羅列は，知らない人にはただの意味不明の言葉になりえます．誰にでもわかるように自分の研究を伝え，細かなことは，CVや論文を添付してみてもらえばよかったな，と今は思います．

❺ 論文を出していたので，書いておくべきでした．CVをみなくとも，業績があることのエビデンスになったはずです．

❻ イタリックにすべきです．論文を書く能力を疑われます．

❼ スペースが1つ多い．注意散漫に思われます．

❽ どの研究に，なぜ興味をもったのか，理由が欠落しています．ここは大事ですので，書くべきでした．

❾ 日付なので，「June 16th and 22nd」ですよね．

❿ スペースが1つ多い．

⓫ 訪問するのはプラスです．会ったこともないのに雇うラボは，もしかすると人材について軽視している可能性があります．

⓬ 学振があったのに記載していませんでした．給料は最初の1年半はいらないことを明記しておけば，もっと多くのラボからお返事をもらえたと思います．

⓭ 「I have attached my CV with this email」ですね．

⓮ スペルミス．不注意な人間と自ら宣言していますね．ジョブアプリケーションでは，致命的になりかねません．

●強いレターの例

次にお示しするのは，2004年にCantley博士へ出したレターです．ラボの同僚にみていただき，英文校正とフィードバックをいただきました．前述と同様の構成ですが，より具体的で，留学先でどうしたいかが書いてあり，前回より強いレターとなっています．

Subject: Post-doc inquiry

Dear Dr. Cantley,

❶ My name is Atsuo Sasaki. I have completed two years of post-doctoral studies in Rick Firtel's laboratory, researching the role of dynamic Ras activation during chemotaxis.

I enjoyed discussing your mentoring style with Ben Turk and Reuben Shaw ❷ at the Gordon Research Conference on "Second Messengers & Protein Phosphorylation" last June. I am impressed with their enthusiasm and the independence you have given to your post-docs. ❸ I wish to extend and apply what I learned about Ras signaling and chemotaxis from Rick to mammalian systems in your laboratory.

❹ I found a previously unidentified mode of Ras activation- *Dictyostelium* utilizes G-protein coupled receptor signaling to activate RasGEF during chemotaxis (Journal of Cell Biology, 2004, 167:505-518). I believe that more remains to be uncovered about the signaling from GPCR's to Ras.

❺ In your laboratory, I would study how Ras is activated and regulated, and it's role in GPCR-signaling. I have already established a biochemical assay and I aim to develop functional screens to identify molecules responsible for GPCR-induced Ras activation. I believe your mentoring style and expertise in cell signaling would be good match for my research focus and hope you have a space for a post-doctoral fellow next year.

❶分子名の羅列などがないので，伝わりやすいですね．Rick Firtel博士のことは，Cantley博士は知っているので，細かな情報は必要ありません．

❷ラボメンバーと話をしたことは，ラボへの興味を示すエビデンスですね．

❸私が次の課題としていたのは，独自のテーマ探しでした．Cantleyラボへの動機として，書きました．

❹自分のこれまでの研究成果を一言で述べています．リファレンスもついています．

❺Cantleyラボで行いたいこと．自分にしかできないことであり，準備もできていること．そしてCantleyラボへもプラスになることを書きました．

My curriculum vitae and most recent paper are attached with this e-mail. If you have any questions, please do not hesitate to contact me. I will be in Boston from December 26th to 31st. If you are in town, I would enjoy visiting your laboratory and speaking with you. ❻

Thank you very much for your interest and consideration.

Sincerely,
Atsuo Sasaki ❼

❻この表現は，ネイティブの同僚に教えていただきました．Cantleyラボは，欧米文化も強く，こうした"気のきいた"表現はプラスにはたらいたと思います．

❼ここには載せていませんが，署名に，JSPS Research Fellow Abroadであることを明記しました．

✳ レターを出すときの心構え

　よい返事がもらえるかどうかは，応募した先の事情にもよります．ラボ主宰者は多忙をきわめるので，メールを見落としたり返事をするのも難しいときもあります．また，ラボのスペースがいっぱいで受け入れられないケースも多々あります（よく使われる言いわけでもありますが）．ラボとの相性ももちろんあります．返事がないこともご縁と考えて，あえて1つにしぼらず，**いくつかのラボに同時進行で応募される**ことをお勧めいたします．

　複数の希望先があることは不誠実と受け止められることはなく，もし「他も考えているのか？」と聞かれたら，正直かつ具体的に答えてよいと思います．それによってむしろ相手が興味をもち，よりよい条件が提示されるようなこともあります．

　古今東西，人との出会いに決まった型はありません．SNSやネットも発達した今の時代であれば，ビデオレターであなたの個性を世界中に発信し，留学先を募ることも不可能ではありません．形にとらわれず，ぜひ，あなたのパッションを込めて，そして経験者やネイティブの方にフィードバックをもらい，オリジナルなレターを書き上げることをお勧めします．

◆　◆　◆

> 人類多しと雖ども鬼にも非ず蛇にも非ず、殊更に我を害せんとする悪敵はなきものなり。恐れ憚るところなく、心事を丸出しにして颯々と応接すべし。故に交わりを広くするの要はこの心事を成る丈け沢山にして、多芸多能一色に偏せず、様々の方向に由って人に接するに在り。
>
> ——福沢諭吉「学問のすゝめ」（岩波文庫）十七編より

[現代語訳] 世間には随分いろいろな人間がいるが、人類は鬼でもなければ蛇でもない。ことさら自分を害する敵は、めったにいるわけもないのである。おめず臆さず、心の中をさらけ出して、気軽にだれとでも付き合うがよろしい。そこで交際を広くする第一は、心の窓をなるべく多方面に開放せねばならぬ。多能多芸を心がけ、一方面に傾かず、さまざまの角度から人に接することが肝心だ。　　　　　　　　　　　　（岩波現代文庫）

留学先とのコンタクトを考えたときから，あなたはすでに国際人としての道を歩み出しています．先人の足跡から大切なことや困難なことを学びつつ，あなたが未来を描き，そこで起こることを受け入れる覚悟で選んだ場所が，あなたにとり最高の留学先となります．

So let's find your place!

私の留学体験記 ⑤

Finding our way

研究分野を変えてのイタリア留学

留学先 ● パドヴァ大学（イタリア）
期　間 ● 2015〜2016年現在
誰　と ● 単身

大森晶子（パドヴァ大学）

　私が所属するパドヴァ大学は，イタリアのなかでもボローニャ大学に続く古い大学です．このため大学のあるパドヴァの街は，昔から学士の街とよばれ活気にあふれています．ベニスやベローナといった観光名所にも日帰り電車で行けるなど，世界一世界遺産の多い国イタリアらしく，バカンスや週末に訪れるべき場所に事欠きません．

　所属教授のLuca Scorrano博士は，パドヴァ大学とベネチア分子医学研究所（VIMM）に2つの研究室を構えています．遺伝病やがんにかかわるミトコンドリアの融合と分裂（ミトコンドリアダイナミクス）やオートファジーのメカニズム，そしてその機能解析などで世界のトップを牽引している1人です．43歳の若さでありながら，ダルベッコ・テレソン研究所（DTI）のsenior researcher，VIMMのscience directorを務めています．ポスドクや学生が世界中から訪れ，研究室での共通語は英語，その運営手腕は世界の成功した研究室トップ10にあげられています（McKinsey Solutionsホームページ：Success Lab　https://solutions.mckinsey.com/catalog/media/McKinseySolutions_SuccessLab.pdf）．

留学を決意するまで

　私はこれまで，和歌山県立医科大学の山田 源教授のもと，遺伝子改変マウスを用いた外内生殖器の発生メカニズム解明に取り組んでいました．次のポスドク先では自分なりのスパイスを加えられるような新しい分野にチャレンジしたい，とミトコンドリア研究への転換を考えていました．山田先生の研究室ではフィリピン人の留学生などを積極的に受け入れていたこともあ

パドヴァの街の野外テーブル

ガリレオ・ガリレイが天文台として使用
Castello di Carraresi

り，英語でのコミュニケーションについて過度の心配はありませんでした．むしろ異分野での留学挑戦，さらに自分の業績には全く自信がなく，漠然とした不安だけがありました．

まずは情報集めにと，日本分子生物学会の際にUJAの会を訪れました．留学体験者の先生から，就活当時はそんなに論文をもっていなかったといった話に始まり，就活方法や心に残る留学体験談を多く聞いたことで，漠然とした気持に大きなモチベーションを与えていただきました．また，所属研究室にミシガン大学の三品裕司教授が訪れた際，"人気のある研究室には満足する業績があっても空きがなければ入れない．論文が出ていなくても，考えながら研究を行っていたかは話せばわかります．今からでもどんどんコンタクトをとりなさい"と背中を押していただきました．

ちょうどScorrano研から私の理想とした研究論文（Kasahara A, et al : Science, 2013）が報告されていたため，メールを送りました．すると招待演者として日本を訪れる際に話をしようと連絡があり，福岡でのScorrano教授との面談の際には，九州大学の三原勝芳教授のはからいもあり，康 東天教授（九州大学）や石原直忠教授（久留米大学）をはじめとしたミトコンドリア研究のそうそうたるメンバーの飲み会にも参加させていただき，最終的にイタリアでの面接に向かえることとなりました．

①やっておいて損はなかったと思うこと

興味のあるラボにメールを送ることや，いろいろな就職紹介サイト，NatureやCell誌の職探しサイトや研究留学ネットを随時チェックすること，とにかく留学経験者の話を聞いたりして見聞を広げること．UJAの会に参加できたことは，そういった意味でたいへん有用だったと思います．

②どうやって留学先を選んだか

自分の確立したい分野に沿った研究展開を行っていたこと，返事をした時点で確実に給料が確保できるグラントがとれていたこと．さらにScorrano研に留学していた笠原敦子先生（Geneva大学）やパドヴァ大学に以前留学していた乾 雅史先生（国立成育医療研究センター），滞在希望先のボスまたは教授の話も聞き，評判や人柄も参考にしました．

英語圏ではない不安もあったのですが，場所よりもどんな仕事をしたかが大事だ，と指導教官であった山田先生にご指導いただいたことや，熊本大学の甲斐広文教授，杉本幸彦教授にも多くアドバイスいただきました．

③アプライするときに，やってよかったこと，こうすればよかったなと思うこと

モチベーションレターや履歴書（CV），インタビューの際のプレゼンづくりには，留学生の友だちやジョンズホプキンス大学に留学中の宮本崇史先生，中村秀樹先生らからもアドバイスをいただき，たいへん参考になりました．

イタリアでの面接は，過去の研究に関する発表と，30人近くのメンバーとそれぞれ議論をするというものでした．またその評価によって，ボス雇い・グラント持参による受け入れ・またの機会にという3段階評価を受けました．

メンバーのプロジェクトについて一人ひとり

聞いて回り，一緒に働けるかどうかのマッチングもはかられました．ここでは，英語力というよりは基礎的なコミュニケーション能力が一番重要だと感じました．というのも，イタリアの研究室ではコラボレーションを重視しており，常にオープンな姿勢でいるということが求められていたからです．また Scorrano 教授は多忙をきわめているため，独立した研究者であることが必須項目でした．私の場合は，コネもないままに単独アプライをし，自分の研究ビジョンを示したことが評価されました．

面接のため留学先の研究室を訪れ，プロジェクトの話を聞き，メンバーからみた Scorrano 博士との関係，研究室内での協力体制を確認したことで，移動後のミスマッチを少なくできたと思います．私の場合は学会に行ける機会が少なかったので，メールを送るという方法がメインでしたが，受動的に返信メールを待つよりも，学会などの機会に話をするのが一番オファーをもらう確立を高める方法だと思います．

後は，もう少し早く留学を実行していれば，日本での再就職など年齢をそこまで気にせずのびのびできたのではないかと思います．ポジションが先にとれそうな方は別として，なるだけ，早いうちに留学を考えられることをお勧めします．

④留学先とのやりとり，日本人のやりがちなミス，また大事な点

4月に日本で会った後，イタリアで面接を行うからといわれていたのに，予定日の10日前になっても返信がなくとても困りました．飛行機の予約などを考えると，先方が本気にしているとは思えずあきらめかけました．前述の乾先生のアドバイスに基づき電話をかけると，忙しくて返信できなかったとのこと．そこから慌てて飛行機の予約をとり，他にアプライしていた研究室との面接スケジュールを合わせるなど，日本人の感覚ではありえないようなスケジュール調整もありました．やはり外国なので，自分の価値基準とは違うことを念頭に起きながら，いろいろと情報収集できる環境づくりをしておくことは大事だと思います．

⑤留学先を選ぶのに大事な要素について

業績をみるかぎり，トップラボなんて行けないだろう，とってもらえるところに行きなさいといわれていました．ただ，せっかく留学するのだから，自分の希望するところややってみたい分野，将来発展しそうな分野を視野に入れて，就活をすべきだと思います．日本人のレベルは他国の研究者に比較しても劣っていないはずなのに，競争が激しい日本の研究社会では自分の価値を低く見積もりがちなのかもしれません．私の場合は，書ききれないほど多くの先生の助けがあっての賜物ですが，あきらめずにチャレンジしてよかったと思っています．共同研究先の井口泰泉先生（基礎生物学研究所）からは，自分が何年も働く場所なのだから相手や研究室を面接してくるつもりで望みなさい，また契約書などしっかりとしたポジションの獲得ができるまでは，慎重な姿勢を崩さないことなどをアドバイスいただきました．おかげで成功する自信はありませんでしたが，強気で就活を進めることができました．

当たり前ですが，自分の名前で論文を出せるのか，給与の支払いがちゃんとしているか，など，自分のキャリアアップや生活面にかかわる

ことは第一の重要事項だと思います．こちらのPh.D.の学生さんは全員が給料をもらっています．インドや他のアジア圏の方に聞いても，給料の差はあれ，税金の免除など研究者には多くの優遇措置があります．博士課程の学生が学費を払いながら働くのは，先進国のなかで日本ぐらいなのではと感じています．後続の日本からの留学生や自分の価値を下げすぎないためにも，ポスドクの立場でしたら給料交渉はしっかりするべきだと考えています．またフェローシップのチャンスがあったら，全力で取り組みましょう．

⑥失敗体験

留学先に選ばなかった研究室とも，最後まで関係がうまく続けられるような状況にしておけばよかったと思います．結局イタリアにはビザや滞在許可証がとれずに観光として入国したのですが，雇用契約もないままイタリアに来たときはとても不安でした．前もってラボを訪れる機会があれば，境遇の似ていそうなポスドクの連絡先などはひかえていて損はないと思います．私の場合，先に留学されていた新谷紀人先生（大阪大学）に留学前からいろいろとご尽力いただいたので，無事にことが運んだのですが，留学先は確実な確認がとれるまでいくつか候補を残したままにしたほうがよかったかもしれません．

私もまだ移動して4カ月（2015年7月当時），自分の仕事を確立することが先決ですが，留学先で分野替えをしても多くの助けが得られるため，留学前のような不安はあたりませんでした．研究の幅を広げられたこと，違う研究のアプローチ，研究運営を目の当たりにできていることは，たいへんありがたいと思う毎日です．ヨーロッパは，科学の歴史が長いぶん，研究や生活を楽しむ余裕を感じます．税金ではなく，市民のチャリティー募金で支えられているテレソン財団のあり方など，いろいろな研究体制の違いをみられただけでもたいへん刺激になっています．

海外では日本人どうしのつながりも深く，前述の新谷先生に加え，藤村篤史先生（Piccoro研，2015年5月より熊本大学）や白石希典先生（Baltoro研，宇宙物理学，現在 東京大学）とも知り合いになることができました．これからもイタリア文化を楽しみながら研鑽していきたいと思っておりますので，もしイタリア留学に興味をもたれた方は連絡いただけたら幸いです．最後に，このような寄稿の機会をいただいたUJAの黒田垂歩先生に心より感謝いたします．

（掲載 2015/07/16,
http://uja-info.org/findingourway/post/1284/ を一部修正）

留学準備 編

第6章
オファーを勝ちとる②
〜CV，推薦書，インタビュー

佐々木敦朗

　世界におけるポジションの獲得競争では，日本では美徳と考えられているひかえめで遠慮がちな自己表現は大きなハンディとなることもあります．留学先選びにおいてあなたのチャンスを最大化するには，世界基準の履歴書（CV），推薦書，インタビュー（面接）を意識して準備することが大事です．

　本章では，人事採用で最も重視されるアイテムである，CV，推薦書，インタビューについて一緒に考えていきましょう．

1　CV (Curriculum Vitae) を書くポイント

　CVは，あなたが研究留学を打診した際に，必ず提出するものです．日本の履歴書と異なり，**CVには決まったフォーマットがない**ため，自分の個性を出しアピールできます．例えば，特に読んでいただきたい箇所はフォントの色を変えてもよいですし，引用のウェブアドレスを付記することもできます．

　採用する側が候補者のCVを読む際には，次のような点を重視します．

✲学歴・出身ラボ

　候補者の基礎的な学力や修得技術の1つの基準として，多くのPIがその人の学歴・出身ラボを参考にします．日本では有名な大学でも，欧米の方には知られていないこともあります．私は同僚のファカルティー（教員）から，「日本の○○大学から応募者がきたけれど，この大学の評価は？また，この研究室を知っているか？」という相談をよく受けます．**あなたの所属する機関やラボについて，客観的判断に役立つウェブリンクや記述をCVに埋め込んでもよいでしょう．**

　余談ですが，私のいただいたアプリケーションレターのなかに，○○国でトップの研究機関を卒業と書いてあったことがありました．しかし，その国の方に聞いてみると，「知らない」との答えに，ビックリして候補者リストから外しました．記述とエビデンスが合致するよう心がけてください．

✲発表論文リスト

　発表論文のリストは，あなたが実験から論文執筆まで研究の一連のプロセスを学んでいるかどうかの担保であり，生産性に加えて，きちんとした仕事をしてきたかの判断材料としてみられます．

　学生のときに出した仕事の場合は，発案や研究のデザインは指導教官の力とみなされます．もし，あなたが主導して論文を執筆した場合は，後述する推薦書に一文いれてもらうようお願いするとよいでしょう．あなた自身の強さとして際立ちます．

　雑誌のインパクトファクターが低くても，引用回数が多い場合は目をひくものです．「Web of Science」や，「Google Scholar」などを用いて**引用回数を調べ，明記しておくのもよい**でしょう．他の雑誌や一般メディア（新聞，テレビなど）にとりあげられた場合は，そのウェブサイトと一緒に記しておくとプラスです．日本の新聞や雑誌でも大丈夫です．

✶実験手技・能力

　採用する側にとり，あなたが基本的な実験操作ができるのか，また新たな技術をもっているのかは，ラボの今後の戦力にかかわる関心事です．日本人の実験手技レベルは，世界でもずば抜けています．しかし，かなりひかえめに書いてあることが多く，せっかくのウリが伝わっていないと思います．

　一方で，いかに自分の能力をアピーリングに記載したとしても，根拠がなければ信用されません．例えば，基礎実験はすべてマスターしたとCVに記載してあっても，「ウエスタンブロットは，学生実験のときにみたことがある」レベルだったり，五カ国語が話せるとあった方は，「おはよう，ニーハオ」が言える程度だったり，実際にお会いしてみてビックリの答えをもらったことがあります．あなたのもつ技術について，この論文のFig.X参照などと，**根拠となるものを記すと伝わります**．ぜひ，根拠について意識してみてください．

✶学会発表

　どのような学会で発表してきたのか，PIはあなたの研究歴やアクティビティ，そのコミュニティでの評価など，論文だけでは汲みとれない部分を想像しながら読みます．学会の口頭発表に選ばれたり，シンポジウムやワークショップでの招待講演があれば，人々が着目するような研究をしてきたのだろうな，そして大舞台での発表で研鑽を積んでいるのだろうな，と想像できます．**海外の学会，特に参加に事前審査がある学会での発表歴**があるとプラスです．

✶受賞経験

　アメリカにおいては，高校，大学，大学院の学生へ賞が用意されています．学校レベルのものから，学会レベル，また州や政府レベルのものまで

さまざまあります．受賞経験は，候補者の評価を担保するので，選考において考慮されます．

日本学生支援機構（旧：日本育英会）の奨学金は，フェローシップとしてアピールできるので，CVに記載されることをお勧めします．**学会のポスター賞や大学院での賞**も，大きなプラスになりますので，ぜひアピールしてください．

個人的には，日本の学会や大学院に賞を増設していただきたいと願っています．研究者の自信になるだけでなく，国際的活動にも大きな力になります．

✱プライベート情報

日本の方のCVには，多くの場合，性別，年齢や家族構成が書いてあります．もちろん記載してもよいのですが，必要記載事項ではありません．顔写真は，親しみや安心感が生まれますので私はプラスだと思います．日本と異なり，アメリカの証明写真はみんな笑顔です．**にっこり笑った写真**をお勧めします．

2 推薦書 (Reference Letter) の大切さ

日本からの推薦書は，淡泊で短いものが多いです．推薦書の文化がないので，これは無理のないことかもしれません．しかし対照的に，**特にアメリカでは推薦書は非常に重視**されています．超多民族国家ゆえ，候補者の知人からの客観的な評価がより大事になるのだと思います．

✱強い推薦書

強い推薦書は，応募者と自分の関係を述べ，自分が評価するに適した人

物であると伝えます．そして，いかに応募者がすばらしいかを，実例をあげながら書いてあります．そこには，研究能力，自主性，協調性，創造性，忍耐力，知識など，いろいろな要素が見事に含まれています．自分の推薦書を読むと，え，これ誰のことっ？と驚くほどです．

　読み手は，ある程度差し引いて見ますが，雇用について問題なしと判断するでしょう．

✳数，フォーマット

　推薦書の数も，もし可能であれば1通よりも3通のほうが，強くなります．過去，そして現在の指導教官，共同研究者，同じラボ・フロアのシニアな方などが，推薦人となるケースが多いです．

　ちなみに，推薦書もCV同様，決まったフォーマットはありませんが，言及されるべき点は同じです．英文での推薦書の書き方や見本は，ウェブからも入手可能です．例えば，Googleで，「Strong recommendation letter」でサーチされてみてください．きっと，いくつもの具体例も見つけることができると思います．また，ハワードヒューズ医学研究所（HHMI）は書き方のマニュアルを公開しています（「Writing a Letter of Recommendation」https://www.hhmi.org/sites/default/files/Educational%20Materials/Lab%20Management/letter.pdf）．

3 留学先とのインタビューのツボ

　研究室への受け入れは，海外の場合は特にインタビューを経て決定されることが多いです．

　インタビューの形式は，ラボ主宰者との面談，セミナー（研究のプレゼン）に加えて，ラボメンバーとのディスカッションや会食などが含まれる

場合もあります．これは，雇用するボスとして，あなたに実際に会って人となりをみきわめ，ラボのメンバーと打ち解けられる社会性があるか，また業績だけでははかりきれない実力について確認するためです．同時に，あなたにラボをみせることで，あなたが納得してラボに参加するようにするための配慮でもあります．

あなた自身も，このインタビューを通して，ラボの雰囲気，自由度，メンバーのサイエンスのレベルと気概，生活情報など，いろいろな情報を取得できます．本書（私の留学体験記⑥）やUJAウェブサイトの留学体験記にご寄稿いただいた諸先輩方の体験をご覧になり，インタビューの機会を有効に活用されてください．

◆ ◆ ◆

アメリカでのインタビューにおいて，意識しておくとグッとポイントが上がる3点をあげます．

✲1. 目をあわせて，にっこり笑い，力強く握手しよう

日本から来ると，この逆をやりがちです．郷に入っては郷に従え，思い切っていきましょう．**親しみは不謹慎ではありません**．軽い話題（現地の印象や旅程）から入る場合が多いので，積極的に打ち解けましょう．

✲2. ビッグピクチャーを話そう

インタビューには，プレゼンテーションがつきものです．なぜ，あなたがその研究を行ったのか，それにより何が明らかになるのか，ビッグピクチャーを伝えるべきです．

先行研究へのリスペクトは必要ですが，銅鉄実験や，山中伸弥先生のおっしゃる戒め『阿倍野の犬』※ととらえられてしまわないようにしましょう．これは，研究の意義付けを再考することで，かなりのケースで克服できます．**細かなデータよりもあなたの研究の流れを伝えることが大切**です．

✱3. リラックスし，自信をもって！

あなたが同じ釜の飯を食べていける人物かどうか，みんながいろいろな角度からみています．緊張は避けられないとは思いますが，出会いを楽しんで，感謝する心で臨んでください．日本の研究者の能力は本当にすばらしいと思います．ぜひ，自信をもちましょう．深呼吸してにっこり笑うといいですよ．

● ビデオ面接の場合

最近は，スカイプを用いたインタビューも増えてきました．ビデオ面接の場合，自分の研究を説明する時間はかなり短めになります．なるべく簡潔に，エレベーターピッチ（第9章参照）で仕事を紹介する準備をしておくことをお勧めします．

よく聞かれる質問としては，学位取得の年，将来のプラン，ラボを選んだ理由，研究プラン，留学開始希望時期などあります．また，「Do you have any question?」と聞かれますので，質問したいことも用意しておきましょう．緊張顔になりがちですが，インタビューのはじめとおわりに笑顔で御礼を述べましょう．画面よりも，カメラを見るようにするとより伝わりますよ．

4 留学経験者・PIからのアドバイス

自分にとってベストな留学先を選び，そこへ自分を"売り込む"ことは決して簡単なことではありません．ですが安心してください．留学を経験

※　銅鉄実験・阿倍野の犬
"銅での研究はあるが，鉄ではやってなかったのでやった""アメリカの犬がワンと鳴いたという論文があるが，日本の犬もワンと鳴いたので論文にしよう．さらに阿倍野の犬もワンと鳴いたので，これも論文にしよう"といった発想．こういった研究のイノベーションとフィロソフィーは，PIの目にたいへん弱く映ります．

し，世界中で活躍するたくさんの先輩方が，その経験をあなたと共有したいと考えています．そして，あなたが成功することを心から願っています．

UJAの公式Twitterアカウント（@UJA_info）に寄せられた，「留学先選び」そして「オファーを勝ちとる」ための留学経験者・海外PIのアドバイスをご紹介します．

◇　◇　◇

安田　圭 @ボストン大学医学部
研究室を選ぶときは，毎年の論文数/研究室メンバー数をチェックする．毎年2個スーパー論文がでていても，研究室メンバーが20人だと2/20＝10％でヤバいです．研究室で2割ぐらい超優秀なのがいたら，それでその研究室はやっていけます．

◇　◇　◇

三嶋雄太 @ベスイスラエルディーコネス医療センター/ハーバードメディカルスクール
留学に際して，CV作成，インタビューに伴ってLinkedInやResearchgate，Google Scholar Citationsの情報をひととおり更新しておくと，先方に検索されたときにしっかりとした情報を提供することができ，CV作成の雛形としてもかなり重宝する．

◇　◇　◇

北原秀治 @マサチューセッツ総合病院/ハーバードメディカルスクール
私が現在のラボに入るのに，ディレクター1人，PI6人，ポスドク3人の計10人と個別にインタビューを受けました．人生で一番疲れた日でした．私はアメリカ式の面接トレーニングを受けていったので，これからインタビューを受ける人はお勧めします！

◇　◇　◇

中川　草 @東海大学
Skypeを通してのポスドク先のinterviewは日本時間の深夜に設定されていたが，眠いためか聞きとりが悪いし舌は回らないしで，非常に不調だっ

た．朝方人間の私はそれからは日本時間の早朝に設定するようにしたら比較的楽になった．

◇ ◇ ◇

井上尊生@ジョンズホプキンス大学
私たちの研究のどのくらい熱心なファンなのか，そして応募者自身の研究背景と合わせてどのような研究を私たちとしたいかをカバーレターに明確に書いてある方には，ぜひ来ていただけるよう最大限の努力をしています．

◇ ◇ ◇

高井弘基@ボストン小児病院／ハーバードメディカルスクール
はじめてのインタビューはとても緊張すると思います．緊張を解消する唯一の手段が，練習です．自分をよく見せようとしすぎないことも大事だと思います．よく練習して，必ず伝えると決めたことを伝えることに集中しましょう．

◇ ◇ ◇

今井祐記@愛媛大学
できるだけ現地でのインタビューで，ボスとの直接面接はもちろん，ラボメンバーとの交流を経験したほうがよいでしょう．私の所属したラボでは，ボスが必ずラボメンバーに採否の助言を求めていました．

◆ ◆ ◆

UJAでは，今後も留学関係の情報やアドバイスをツイートしてまいります．本書やUJAウェブコンテンツ「留学体験記」とあわせて，ぜひご覧ください．

✳「伝えること」の大切さ

第一　言語を学ばざるべからず。文字に記して意を通ずるは固（もと）より有力なるものにして、文通または著述等の心掛けも等閑にすべか

らざるは無論なれども、近く人に接して直ちに我思うところを人に知らしむるには、言葉の外(ほか)に有力なるものなし。

——福沢諭吉「学問のすゝめ」十七編より（岩波文庫）

[現代語訳] 第一には、言葉の勉強が大切である。文字に書いて意思を通ずるのもむろん有益な事で、文通や著述などの心掛けを怠ってはならぬことはいうまでもない。しかし、直接相手にぶつかって意思を伝えるには、なんといっても談話ほど有力なものはない。　（岩波現代文庫）

「学問のすゝめ」は，日本が世界への扉を開ける時代に書かれました．そのなかで福沢諭吉先生は「伝えること」の大切さをくり返し訴えています．

「伝えること」はわれわれ研究者の生命線です．意識すれば必ず向上します．相手を思うことで配慮が，相手にとり重要なことを知ることで工夫が，そして勇気をもって堂々と接することで相手との絆が生まれます．基本をふまえつつ高みをめざした応募パッケージは，強く訴える力があります．「伝える力」は留学だけでなく，あなたのこれからの人生を開く力となるでしょう．

So let's open the door!

私の留学体験記⑥ Finding our way

"Don't be trapped by dogma"

留学先 ● スタンフォード大学医学部（アメリカ）
期　間 ● 2001〜2006年
誰　と ● 夫

山下由起子（ミシガン大学生命科学研究所）

"Your time is limited, so don't waste it living someone else's life. Don't be trapped by dogma - which is living with the results of other people's thinking. Don't let the noise of other's opinions drown out your own inner voice. And most important, have the courage to follow your heart and intuition. They somehow already know what you truly want to become. Everything else is secondary."
— Steve Jobs

Steve Jobsのことは彼が亡くなるまで知らなかった、という不届きな長年のマックユーザーの私ですが、後に彼の言葉を知り、数々のうなるほどの名言に心底感銘を受けました。そのなかでも上の引用は本当に心に響きます。

キャリアアドバイスなどをする際、受ける際に、最も大事なことは、彼のこの言葉ではないかと思います。成功するために誰かのまねをすることほど愚かなことはないと思います。

私は社会的成功には一切興味がなく、ただ、"自分でもびっくり"の発見をしたい、というストイックなモティベーションだけで研究を続けているので、"確実に成功したい"方は私の助言には耳を貸さないほうがいいと思います（"確実に成功する方法"があるのか、わかりませんが）。

私のこれまでの研究人生を振り返ってみると、あまりのいきあたりばったりぶりに、われながら驚きます。スタンフォードでポスドクを始めたときには、「私、日本に向いてないみたいだし、どこか外に出れば何かよいことがあるかも」くらいのことしか頭にありませんでした。そしてスタンフォードでポスドクを始めてみると、これが楽しくてたまらず、まさに研究に没頭。その研究が将来のキャリアにつながるとか、ファカルティーの暮らしのほうがポスドクの暮らしよりもよいだろうとか、そういう考えも一切ありませんでした。そしてスタンフォードのラボ（非常にサポーティブなボスやラボの仲間）があまりに居心地がよかったので、「一生ここにいたい」と真剣に思っていました。

四六時中サイエンスのことばかり考えていたおかげか、最初の論文が留学後2年ぐらいで通り、周りは「そろそろジョブを探すのか？」と聞いてきましたが、その時点では、英語でのセミナーも心もとなく（「質問禁止！」と心のなかで叫びながらいつもプレゼンテーションに挑んでいました）、ジョブサーチなんてとんでもない、と思っていました。

仕事へのownership感から芽生えた独立心

そうこうするうちに、2報目の論文の仕事が形になりはじめたのですが、この仕事は、自分のアイデアで始め、全部自分で進めた仕事だったので、仕事に対するownership感が強まりまし

た．ラボのボスは非常にgenerousな人で，いつも仕事のクレジットをポスドクにくれるような人でしたが，やはり最初から最後まで自分が遂行したプロジェクトを目の当たりにすると，「自分の仕事は自分のものとして発表したい」という独立心がわいてきました．ファカルティーポジションをとりたいと思ったのは，純粋にその「独立心」だけが理由でした．「親のことがきらいになったわけでは全くないが，やはり大人になったら親元を離れるのが当たり前」という感覚と似ていると思います．

そんなわけでジョブにアプライしはじめたのですが，その段階で何もアメリカのシステムのことなどわかっておらず，インタビューでいろいろな大学に行っている段階でNIH（国立衛生研究所）のR01グラントが何かも知らなかったという（NIHが何かはかろうじて知っていましたが）ありさまでした．アプリケーションも，別に特別な経路（コネとか）があるわけではなく，単に公募広告（NatureやScience誌のウェブサイトにあるポジションの広告）に応募するだけです．現在PIとして，自分のポスドクがR01が何かも知らない状態だということを発見すれば気絶しそうになると思いますが，私自身はそういうめちゃくちゃな経路をたどってPIになったというわけです．

ミシガン大学を選んだのも，特に深遠な考慮をしたうえでの決断とかではなく，私をリクルートしてくれた人（Sean Morrison：当時，ミシガン大学教授/Center for Stem Cell Biologyディレクター）がよさそうだったから，アナーバーが住みやすそうだったから，という相当ゆるい理由でした．後になって，Seanのいる場所を選んだ（そのときは何もわかってなかった）自分に感謝してもしきれないし，自分の幸運にも感謝しています．Seanからははかりしれないほどのことを学び，今でも学び続けています．

好きだからこそ努力できる

以上の経過を読んでいただければ，いかに私の人生が他の人の参考にならないか，ということがわかっていただけるかと思います．ただ，一つだけ，私が言えることがあるとすれば，前述の経過をたどるうえで，私は一度も「嫌なことを自分に無理強いしなかった」ということです．日本では我慢とか忍耐の重要性が強調されますが，我慢して何かをしても，それはよい人生にはつながらないと思います．我慢しなければ一生懸命実験できないようなら，それは単に自分が研究には向いてないということだと思います．夜遅くまで実験するのは「楽しいから」であって，「いつかはこんなつらい状況を抜け出すため」ではありません．もちろん，過程ではつらいこともたくさんありますが（論文やグラントは通らないことのほうが通ることより圧倒的に多いわけですから，楽しいことばかりのわけはありません），「グラントを書くのがつらい」のと「研究費がなくて自分の一番好きな研究ができなくなったらつらい」のとを比較して，どちらがつらいかを考えれば自ずと答えは出てくるわけです．

我慢しない，忍耐をもたないことは，怠惰であることや向上心がないこととは全く違います．そして自分が好きなこと（それに伴うつらいことが苦にならないくらい好きなこと）を見つけられれば，その結果成功しなくても気にならないし，でも，好きなのでどんどん努力するため成功の確率は上がると思います．

小細工的に，いろんな周辺情報（ジョブサー

チ上のテクニックなど）を集める暇があれば，自分のサイエンスを磨くほうがよほど自分の将来のためになると思います（サイエンスがそこまで好きなら，ということですが）．そして，自分はこの世に一人しかいないので，自分を幸せにする how to を他の人に求めることはできません．人生とは本来不確実なものであり，だからこそ，生きる価値があるのだと私は思います．

（掲載 2015/11/19，
http://uja-info.org/findingourway/post/1488/ を一部修正）

留学開始～留学中 編

留学開始〜留学中 編

第7章
生活をセットアップする

川上聡経

　生活が落ち着かなければ研究に専念することができません．では，文化と環境が日本と全く違う海外での生活をスムーズに始めるためには，どうするとよいのでしょうか？　本章では，海外留学生活のセットアップのTipsを，実体験の紹介を通してお伝えします．ボストンでの話が中心となりますが，セットアップの心構え―積極的に情報を集める―さえあれば世界中どこでも通用すると思います．

　私は，英語，洋画，洋楽が好きで，海外に憧れ，いつか海外留学してみたいと考えていました．大学院で研究しただけでは，研究が自分に向いているかどうか，そして，おもしろいかどうかわからず，留学して研究に専念してみたいと考えていました．教授に留学をしたいと伝え，留学先を教授に探していただくことになりました．大学院を卒業した私は，皮膚科医として診療をする傍ら実験をしていましたが，数カ月後のある日，出張先の病院から大学への帰り道に教授から電話があり，私の留学先が決まったのですぐに留学に関する書類の手続きをするように言われました．夢に見ていた私の留学が現実となりました．

1 留学先での生活のスタート

　留学先の施設からDS-2019※1を受けとりJ-1ビザを取得した私は，研究室で実験をしながら数日後に迫った留学先のボストンの生活について，アパートはボストンに行ってから探そう，"Back Bayは一度は住んでみたい憧れの地域です"というフレーズに心を惹かれて，住む地域はBack Bayにしようかな？ 留学先の研究室があるLongwood Medical Areaに近いのかな？ などと何となく考えていました．

✱ ボストンでアパート探しは難しい

　ウェブでボストンの情報を検索して，はじめてボストンでアパートを探す難しさを知り，慌ててウェブでアパートを探しはじめました．ボストンの日系不動産会社のウェブサイトをみて，家賃が私の予想以上に高いことを知り，焦りました．

　気に入った物件を数件選んで不動産会社に問い合わせたのですが，私が留学した9月はアメリカの新学期のはじまりで，物件はすべて契約済みでした．幸運なことにBack Bayでは破格の条件の家具付きの物件を見つけ，e-mailのやりとりで日本を発つ前にアパートの契約を結ぶことができました．

　留学するまで住んでいた日本の部屋の家具などを処理し，残りの後始末は両親に任せ，必要最低限のものをボストンバッグに詰めて，朝早く日本の研究室の同僚に車で空港まで送ってもらい，期待と不安を胸にボストンへ旅立ちました．

※1　DS-2019
DS-2019は，ビザ申請者がアメリカ政府に承認されているプログラムへの参加者であることを証明する書類で，留学先の研究機関から発行され，J-1ビザ取得に必須です．

✳ボストンに着いた！

ボストンに着いて早々，アメリカではよくある預けた荷物がなくなるトラブルにみまわれ，アメリカへの留学経験がある日本の研究室の先輩の"空港に研究室の人が迎えに来てくれる"との言葉を信じて期待していたお迎えも当然なく，右も左もわからぬままに，不動産会社の担当者より連絡を受けていたとおり，アパートまでタクシーで行きました．

アパートに着くと，不動産会社の担当の方と大家さん夫妻が出迎えてくれました．賃貸の契約をすませ，その日から部屋に住みはじめることができました．同じ建物に住んでいた日本人の方が，近所の食料品店などを案内してくれました．そして，ボストンへ着いた翌日には留学先の研究室へ行くことができました．こうして私のボストン留学生活が始まりました．

✳Tips：生活スタート編

●J-1ビザ

DS-2019の取りよせがJ-1ビザ取得の律速段階になります．DS-2019は，施設によっては取りよせに時間を要するので，余裕をもって手配をお願いしましょう．また，時間がかかっている場合や急ぐ場合には，遠慮せずに問い合わせましょう．

ビザに関する情報は，ビザを申請する国の領事館のウェブサイトに詳細が記載されています．

●留学時期

留学時期を自分で決めることができる場合は，アメリカの新学期（9月），ホリデーシーズン（11月下旬から年明けまで），夏休み（7月，8月）を考慮して留学する時期を決めましょう．新学期が始まる前後は物件がよく動きますが，好条件のアパートはかなり早く押さえられていて，見つけることが難しいです．ホリデーシーズンと夏休みは，ラボのボスが休暇をとるなどして開店休業状態だったり，事務処理が進まなかったりする可能性があります．

● **子ども**

　子どもと一緒に留学する方は，住む地域を決める際に，教育レベルの高い公立学校の有無といった子どもの生活にかかわることを考慮する必要があります．アパートに関しては，ボストンのあるマサチューセッツ州では家族の数により必要な部屋の数（広さ）が法律で定められています．

● **家賃**

　アメリカではボストン，ニューヨーク，サンフランシスコ，イギリスではロンドンの家賃が特に高いです．

　家賃を低く抑えたい方は，ルームメイトと一緒に住む選択肢もあります．よいルームメイトに巡りあうことができると，留学生活に一味加えることができるでしょう．Craigslist（https://www.craigslist.org/about/sites）などのネット掲示板上で募集しています．とはいえ，物件の詳細がわからず，面接などがあったり，詐欺もないとはいえないので，日本からいきなり応募するのは難しいです．ある程度，その国の事情に慣れてからのほうがいいかもしれません．また，選択肢は減りますが，現地の日本人コミュニティの掲示板であれば日本人どうしの安心感がありますね．

● **電気・ガスの契約**

　契約者が電気会社に電話して契約を結びます．オペレーターの口調は速くて聞きとりにくいので，ゆっくり，そして，クリアに話してもらうようにお願いしましょう．水道料金とガス代は家賃に含まれることが多いです．

　私の知り合いは，あらゆるカスタマーサービスに電話で問い合わせをして英会話の腕を磨いていました…．最近はインターネットで手続きできる場合も多いので，まずはそちらからでしょうか．

● **Social Security Number（SSN：社会保障番号）**

　銀行口座の開設，携帯電話の契約，給与の受けとりなどに必要です．アメリカに入国してすぐに申請しましょう．

　クレジットの信用情報（クレジットスコア）もこの SSN 番号にリンクし

ており，家を借りたり車のローンを組んだりする際に，クレジットスコアが高いとより有利な条件（保証金や金利）になります．クレジットスコアを上げるには，適度にクレジットカードを使い，きっちり返済することを続ける必要があります．でも，クレジットスコアがないとクレジットカードがつくれないので，日本から申し込めるクレジットカードや，銀行のデビットカードを使うことで履歴をつくります．

● **携帯電話**

さまざまなプランがあります．まず，日本の携帯電話を海外でも利用可能なプランにしておき，留学後，現地の携帯電話の情報を集めてから自分に合ったプランを選ぶのはいかがでしょうか．参考までに，私は100ドルで1年間1,000分通話することのできるプランを利用しています．

スマートフォンも今は外せないところですが，2年契約などのしばりが悩ましいところです．KDDIなど日本の業者もサービスを提供しており，英語での契約の詳細に不安がある場合は利用するのもよいですね．

アメリカは契約社会・訴訟社会であり，力が正義でもありますので，日本のような良心的な考え方は通用しません．名の通った大企業でもえげつないことをする場合もあるので，時には英語で戦うことも避けられません．

● **家具**

Craigslist，日本人コミュニティのウェブサイト，ガレージセール（アメリカではよく行われています）などで安い家具を見つけることができます．価格は交渉ありきの値付けですので，遠慮せず値切っていきましょう．また，レンタルの家具もあります．帰国の際の処分に困らないのでいいですね．

● **食料品店**

CostcoやH Martなどのアジア系食料品店で，日本の食材を購入することができます．その他，高級なWhole Foods Market，ユニークなTrader Joe's，各地域限定の食料品店があります．

7-Elevenなどのコンビニがありますが，日本と同じ質を求めることはできません．CVS/pharmacyなどの薬局のほうが日本のコンビニに近いです．

● **食事（外食）**

一人暮らしで自炊をしない方はたいへんです．日本の定食屋のように，気軽に一人で入って食事をすることができるレストランはそれほどありません．参考までに私のお気に入りのファーストフード店は，Chipotle Mexican Grill，Panera Bread，Sweetgreen，Anna's Taqueria，Upper Crust Pizzeriaです．

Anna's TaqueriaとUpper Crust Pizzeriaはボストン限定で，Sweetgreenは一部の都市にしかありませんが，Chipotle Mexican GrillとPanera Breadは全米にあります．McDonald'sやSubwayなどのチェーン店は，店舗と店員によって質が全く違います．

機会がありましたら，私の所属する研究室のフランス人の同僚が一押しのprosciutto, mushroom, mozzarella cheeseをトッピングしたピザをUpper Crust Pizzeriaで注文して食べてみてください．

● **おみやげ**

私は，ボスには少し値の張る和風のコーヒーカップを，その他のラボメンバーには箸置きをおみやげに持参しました．あと，花札は評判がよいと聞いたので，何かの折にプレゼントにできるかなと考えてもってきました．日本のお菓子は人気です．

ただ，アメリカにはおみやげ文化がないので，おみやげはなくても大丈夫ですし，もっていくとしても安いもので充分です．

2 アパートを借りる

✻ボストンの不動産情報

　海外での留学生活を始めるにあたって，アパートなど住居の決定は基本中の基本といえます．以下に，ボストンに支店のある日系不動産会社から教えていただいた，ボストンでの不動産情報をお教えします．日本とはこんなところが違う！という参考にしていただければと思います．

- アパートの部屋決定は渡米して入居する約2カ月前がおすすめ．来てから決めると選択肢が少ない．
- 特にボストンは家賃が高い（平均家賃アメリカ国内3位）．
- 100年くらい前の建物のアパートも，そこかしこにある．
- ランドリーは地下に共用が多い（室内に置けない）．
- 洗濯物を外に干せない．
- キッチン家電は最初からある（冷蔵庫，コンロなど）．
- バストイレ別はほとんどない．
- 途中解約は条件アリ（次の借家人が決まるまで契約が続く，または，解約金要，2カ月前の通知要など）（第2章1も参照）．
- 1978年より前築の建物は鉛塗料が含まれている可能性あり．5歳以下の子どもがいる場合，注意が必要．
- 更新料，礼金なし．敷金はある．家賃は小切手で払うことが多い．
- Craigslistは詐欺もあるので要注意！シェアなども契約書がない場合には要注意！

✻実際にあったこんなトラブル

　部屋を借りると，大家さん（landlord）との付き合いが始まります．滅多にありませんが，時に大家さんとトラブルになることもありますので，紹介させていただきます．

私の知り合い一家は，大家さんの自宅の屋根裏部屋に住んでいました．

大家さんと仲良くなった一家は，ある日，大家さんと一緒にキャンプに行きました．しかしそれからしばらくして，特別なときにしか使わない高級腕時計がないことに気づきました．奥さんがヘソクリを探すと，そのヘソクリもなくなっていたそうです．大家さんに相談すると，大家さんは心当たりの質屋で腕時計を見つけました．

真相は，大家さんの薬物中毒の息子さんが留守中に盗みに入り，質屋に持ち込んだのでした．私の知り合い一家が入居する前にも，同様のことが数回あったそうです．

このようなことは頻繁には起こりません．知り合いの紹介や，コストはかかりますが信頼できる不動産会社の紹介を介すると，安全なアパートに住むことができると思います．トラブルに見舞われた場合には，警察に相談しましょう．

✳Tips：大家さん編

●保証金（デポジット）

アパートを借りる際に，家賃の1カ月程度の金額をデポジットとして預けます．私の知り合いは，引っ越す際に，大家さんより貸す前にはなかった傷がついた，といわれのない文句をつけられ，デポジットを踏み倒されました．入居時のアパートの状況写真を撮るなどして，証拠として残しておきましょう．

●大家さんが勝手にアパートに入ってくる

大家さんが賃貸者不在時にアパートに入る際には，事前に賃貸者に連絡して許可を得る必要があります．しかし，私が以前住んでいたアパートの大家さんは神経質で，私がきれいに部屋を使っているかどうか確かめるために，勝手に部屋に入っていました．私の知り合い数名も同様の経験をしています．大家さんと話をしても大家さんの行動が変わらない場合には，

弁護士に依頼するなどの法的処置を検討しましょう．

✳ トラブル回避のコツ

留学先の知り合いや不動産会社の紹介を受けると，トラブルを避けることができるでしょう．不動産会社には家賃1カ月程度の紹介料を支払う必要があります．

3 運転免許証の取得

アメリカでは，アルコールを飲む，または購入する際に，21歳以上であることを証明する必要があります．アメリカに来たばかりの多くの日本人にとって，まずはパスポートが身分証明書となります．しかし，パスポートを持ち歩くと，紛失する可能性があり落ち着きません．

そこで，身分証明書として自動車運転免許証（driver's license）を受験して取得する，あるいは，試験を受けずLiquor ID（図1）を取得する選択肢があります．Liquor IDは，パスポートなどの身分証明書と住所を証明する書類をRegistry of Motor Vehicles（RMV）[※2]へもっていくだけで，簡単に（？）取得することができます．

私がLiquor IDと運転免許証を取得するまでの体験談を，以下にご紹介します．

※2　RMV
　Registry of Motor Vehicle（RMV）は，マサチューセッツ州以外ではDepartment of Motor Vehicle（DMV）とよばれ，車両登録と運転免許証発行の手続きをしています．

図1 ●Liquor ID

✲ まずはLiquor IDの取得

● 苦難の道のり

私は車をもつつもりがなかったので，ひとまずLiquor IDを取得することにしました．

ある夏の暑い日の午後にRMVへLiquor IDを申請しにいくと，すでに100名以上の人が手続きを待っていました．待合室で1時間ほど待っていると，急に事務員が手続きをやめてカウンターの裏でおしゃべりを始め，しばらくすると「コンピューターが故障して今日中には復旧しないので，本日の営業は終了です」とさぼり宣言（？）をして営業が終了し，出直しとなりました．

日を改めて再びRMVへ行きました．私の順番となり，Social Security Numberの縮小コピーを事務員にみせると，その事務員は私のコピーをもちあげ「みんなーちゅーもーく」と周りの事務員と待っている人たちに見せ，何が始まったのかわからず様子をみている私に「コピーはダメでーす」といい，申請を却下しました．私に恥をかかせる（オイシイ役をさせる）必要はあったのでしょうか？

三度目の正直で，同僚の"人が少なくて事務員がまだやる気のある月曜日の朝一番に行きなさい"というアドバイスに従い，月曜日のRMVの営業開始前に必要書類をそろえて万全の用意で臨み，ようやくLiquor IDを

申請することができました．数日後，自宅に届いたLiquor IDを手にして，もうこれでRMVに行く必要はない，と妙に嬉しくなったことを覚えています．

● 次は更新！

それから数年後のある日，酒屋でビールを買うと，店員さんにLiquor IDの5年間の期限が迫っていることを指摘され，Liquor IDを更新することになりました．

5年前の嫌な経験を思い返し，憂うつな気持ちで万全の準備をしてRMVへLiquor IDの更新に行ったのですが，更新は申請に比べて拍子抜けするほど簡単にすみました．

✳︎いよいよ運転免許証の取得

そんな私も，アメリカの自動車運転免許証を取得する必要に迫られました．日本の運転免許証の更新を忘れて免許証を失効してしまったのです．アメリカの運転免許証を取得して3カ月以上アメリカにいると，アメリカの免許証を日本の免許証に切り替えることができることを知り，アメリカの免許証を取得することにしました．

州ごとに運転免許証を発行していますが，どの州でも取得の流れは同じで，取得した運転免許証は全米で有効です．違う州へ引っ越しをした場合には，RMV（DMV）で運転免許証の書き換えをしましょう．

● 自動車学校への通学は不要

日本とは違いアメリカでは，自動車運転免許証を取得するために自動車学校に通う必要はありません．まずRMVで筆記試験を受けて日本の仮免許にあたるLerner's Permitを取得し，その後に路上試験を受けて合格すると，免許証を取得できます．

✱Tips：運転免許証編

●筆記試験

住所を証明する書類〔公共料金（電気，ガス，水道）請求書，賃貸契約書など〕は，予備を用意して申請しに行きましょう．

筆記テストは英語の他，日本語でも受けることができます．日本語訳の問題は，試験会場に用意されたコピーがなくなるまで同じ問題です．有志の方が集めた過去問と解答がウェブ上にいくつか公開されています．

●路上試験への備え

路上試験で使う車は，受験者本人が自動車学校から借ります．ですので，自動車学校で運転の練習をすると，路上試験で使用する車に慣れることができます．私は友人数人にお願いして複数の車で練習しました．路上で運転の練習をする際は，スポンサー（同乗者）が必要です．スポンサーは，自動車学校の教員，または運転免許を取得して1年以上の経験者にお願いします．

●路上試験のポイント

日本の路上試験とほぼ同じです．安全確認，ウインカー，縦列駐車などに注意しましょう．その他，手信号や坂道駐車時のハンドルの切り方などを確認しましょう．"Pull over"は路肩に寄せるという意味です．ウェブなどでさらに詳しい情報を仕入れてください．

●路上試験の内容

路上試験は，縦列駐車の有無など，州によって違います．

メリーランド州では，2016年1月，日本の免許証があればアメリカの免許証を発行してもらえる運転免許互換制度が始まりました．

●飛行機搭乗の際に使える

アメリカの国内線の飛行機に搭乗するには，身分証明書が必要です．アメリカの運転免許証は身分証明書となりますが，Liquer IDでは飛行機に搭乗することができません．

● **申請の際の注意**

　運転免許証に限らずに，各機関に書類仕事をお願いする際には，担当者の機嫌を損ねないようにしましょう．しかし，明らかに担当者に非がある場合には上司へ問い合わせるなどの対応をとりましょう．

　私の知り合い夫婦は，2人とも同じ書類を用意して運転免許証の申請をしたのですが，奥さんが申請を却下されました．同じ書類を用意したのにおかしいと担当者の上司に問い合わせたところ，申請を受けてもらえたそうです．

● **その他**

　日本の運転免許証やパスポートの更新を忘れないようにしましょう．パスポートは在米日本大使館（総領事館）で更新することができますが，日本の運転免許証は日本へ帰国して更新する必要があります．日本の運転免許証は，海外へ留学していたなどの理由がある場合には，失効後5年間まで救済措置があります．ちなみに私は，失効してから5年2カ月経過していたため，運転免許証を失効しました．

4 海外生活で役立つ情報

✽ Tips：トラブル遭遇編

　海外は日本に比べると危険です．トラブルに遭遇した際の身の処し方を考えておきましょう．

● **自転車事情**

　自転車は便利ですが，よく盗まれます．鍵をかけても，囲いのある駐輪場に入れても，自転車を盗まれたという知り合いが数人います．また，アメリカでは自転車は車道を走ることになっていますが，自動車の運転は荒っぽいので気をつけて乗りましょう．

なお，アメリカの自転車は高価です．日本のシティサイクル（いわゆるママチャリ）のようなお手軽な自転車は売っていません．ウェブで中古の安い自転車を探しましょう．

✱Tips：生活情報編

●医療保険

私は日本の保険会社が取り扱っている海外旅行保険に数年間加入していました．現在は，所属施設が提供する保険に加入しています．家族で留学する方は所属施設の保険が安くて質が高いのでお勧めですが，海外旅行保険に比べて高額になります．機関によっては保険に入ることが義務づけられますので，所属先に負担してもらえないか交渉しましょう．

●福利厚生

研究施設は，安いプロスポーツ観戦チケットなどの被雇用者を対象としたさまざまな福利厚生を用意しているので，調べてみましょう．

●病院

まずPrimary Care Physician（かかりつけ医）を決める必要があります．支払う医療費は日本に比べて高額で，保険でカバーできる範囲は契約内容により変わります．

●歯の治療

高額です．歯科保険は安く，加入すると年2回のクリーニングを無料で受けることができます．留学前に日本で歯科を受診して，治療が必要な方は治療してから留学しましょう．

●テレビ

ケーブルテレビに加入しなくても，室内アンテナを設置するだけで，アメリカ4大ネットワークのABC，CBS，FOX，NBCを含む多くのチャネルを見ることができます．私はAmazonで購入した10ドル程度の室内アンテナでテレビを見ています．インターネットとセットの契約が主流です．

● インターネット

　慌てて契約せずに，情報を集めてから契約しましょう．自分に不要な高いプランを契約してしまう可能性があります．

● 自動車

　アメリカの新車の価格は日本とほぼ同じで，中古車は日本に比べて（特に日本車は）値落ちしません．古い中古車は新車に比べて車税が安くなります．インターネットと同様に，慌てて契約せずに情報を集めてから購入しましょう．日本のような自動車会社直営のディーラーはありません．そのため，車の修理はプライベートの修理工場にお願いすることになります．トラブルに巻き込まれないために，修理を依頼する前に，修理工場の評判や修理の標準的な価格を下調べしましょう．

　購入に踏み切れない場合は，Zipcarなどのカーシェアリングサービスを利用するのも手です．

● 自動車保険

　アメリカの自動車保険は，運転歴（運転免許証を取得してからの年数）と事故歴で料金が変わりますので，運転歴と事故歴がわかる書類をもって行くと保険料が安くなります．これらの書類は日本の警察署で発行してもらうことができます．

● 運転で役立つグッズ

　高速道路の料金は，E-ZPassを設置すると自動的に課金されます．E-ZPassを使用しない場合には，現金で支払う必要があります．この場合，現金でしか支払うことができないので，現金を用意しないと罰金を請求されます．また，E-ZPassでしか通過できない料金所があるので注意が必要です．

　スマートフォンをGPSとして使うことができます．GPSアプリとしてWazeやGoogle mapがあります．

●**書類**

　契約書や税金にかかわる書類はきちんと保管しましょう．提出しなければならない書類はコピーをとりましょう．万が一，紛失された場合，再発行がスムーズになります．

◆　◆　◆

　生活に必須な"衣食住"の"衣"と"食"は何とかなるので，海外生活のセットアップのキーは"住"になります．

　海外では，日本の常識が通用しないことや，はじめて体験することが多いです．困ったときには人の助けを待つのではなく，人に尋ねたりウェブを検索するなどして積極的に情報を集めましょう．

　多くのトラブルは何とかなるものです．トラブルも海外留学の一部として割り切り，くよくよせずに楽しみましょう．たいへんなこともきっと海外留学のよい思い出の1つとなるでしょう．

　　　　　　　　　Let's get started!

苦難の路上試験

川上聡経

　路上試験の内容は州によってさまざまですが，基本的に，知り合いなどから車を調達し，指定された公道に指定された時間に行きます．自動車学校やエージェントがそのアレンジ（路上試験の予約，路上試験に使う車の用意，会場への送迎，試験官のご機嫌取り，などなど）をするサービスを提供しています．

　路上試験の難易度は，試験会場と試験官によってかなり違います．

　私は自動車学校にスポンサー（同乗者）の派遣をお願いして，路上試験に使う車も借りました．路上試験当日，自動車学校へ行き，他の受験者と一緒に自動車学校の車で路上試験会場へ行きました．車は私が練習した友人の車よりひと回り大きいサイズでした．会場は住宅街でした．

　中年女性の試験官が遅れて会場に現れ，遅れて来たことに謝るどころか悪びれもせず，「浮かない顔しないで，スマイル，スマイル」と待っていた受験者に悪態をつきました．この試験官はたいへんそうだなという悪い予感は的中し，私の前に受験した人たちの半分は不合格でした．

　私の順番となりました．手信号に始まり，発進，信号，右折などを無難にこなし，次は縦列駐車です．縦列駐車は，1台だけ駐車してある車の後ろにしたのですが，私は街中の狭い駐車スポットで練習した縦列駐車のテクをアピールしようと思い，止まっている車との車間ギリギリで駐車しようとしました．すると急に車が動かなくなりました．しばらく何が起こったのかわからなかったのですが，試験官はギリギリの車間が気に入らなかったらしく，無言でブレーキを踏んでいたのでした．やり直せということかなと思い，もう一度，今度は少し車間をとって縦列駐車をしようとしたのですが，また試験官が無言でブレーキを踏みました．そして，試験官は私に口頭で指示をしました．

　縦列駐車の後は無難に終えたのですが，結局，他はよかったけれど縦列駐車を練習しなさい，と難癖（？）をつけられ不合格でした．

情報を集めて再受験！

　自分では縦列駐車は完璧だったのに不合格にされたので，路上試験の再受験に向けて何をすべきかさっぱりわからず悩みました．友人数名に聞いて再度情報を集めた結果，問題は自分ではなく試験官という結論に達し，違う会場で試験を受けることができる別の自動車学校に，スポンサーの派遣と車のレンタルをお願いしました．

　再受験の路上試験会場は郊外で，自動車学校の車は私が練習した車と同じサイズでした．試験官は，片言の日本語を話すことができる親切な中年のアメリカ人男性でした．縦列駐車は駐車場にある4つのポールで囲われた広いスペースに駐車するだけで，最初の路上試験と比べてすべてが驚くほど簡単でした．こうして路上試験合格のサインをもらい，自動車運転免許証を取得することができました．

当たり屋

川上聡経

　ボストンではめずらしい，華氏100度（摂氏37度）を超える金曜日の夜でした．私は生まれも育ちも北海道で暑さに弱く，自分のアパートにエアコンがないので，夜遅くまで研究室で実験をして暑さをしのいでいました．

　夕食にアパート近所のピザ屋でピザを買うために，閉店時間の午後11時に間にあうように研究室を出ました．シャトルバスと地下鉄を乗り継ぎ，Copley駅で地下鉄を降り，ピザ屋に向けてBoylston Streetを歩いていました．

眼鏡に傷がついた！

　ボストンマラソンのフィニッシュラインを少し越えたところで，すれ違った際に手がぶつかり，男性が持っていた眼鏡を落としました．私は眼鏡を拾ってその人へ渡し，ピザ屋に向かって歩き出しましたが，「Excuse me!」と誰かが後ろから声を掛けました．振り返ると，先ほど眼鏡を落とした男性と，その男性の連れの女性でした．男性は，先ほどの眼鏡を私に見せ，眼鏡のレンズを指差して「落として眼鏡に傷が付いた！」と言いました．

　レンズの傷は，眼鏡を落としてできたというよりは引っかき傷にみえ，私は直感的にこの男性が"当たり屋（accident faker）"で私をゆすろうとしていると察し，彼らの様子をうかがいました．

　男性は着ているタンクトップから筋肉が溢れ出るほどの体格のよい黒人で，連れの女性は右目の周りに殴られたような青あざがあり，表情が虚ろな白人でした．彼らはナイフや銃などの凶器をもっている様子はなく，私に触れようとしないのと，辺りは繁華街で人が結構いたので，危害を加えられることはないかなと判断し，内心，面倒だなぁ，なぜこんなに人が大勢いるのに私が狙われたの？と思いつつ，「この傷は落としてできた傷にはみえない」と言ってみました．

　男性は私の言葉に聞く耳をもたず，なぜか財布から400ドルの眼鏡の領収書をとり出して私にみせ，「明日マイアミに帰るので，それまでに眼鏡を弁償してほしい！」と迫ってきました．

あれっ，値下げ？

　眼鏡の領収書をもっているなんて，この男性はまちがいなく当たり屋だ．当たり屋にお金を渡したくない，なめられたくない，日本人，アジア人，世界中の人のためにも，お金を巻き上げられるわけにはいかない！と決心した私は，「その金額は今もちあわせていない」とキッパリ伝えました．すると男性は「50ドルでいい」と言い出すのです．

　あれっ，値下げ？そろそろピザ屋の閉店時間が近づいてきたし，話のネタになるようなこともこれ以上なさそうなので潮時かなと思い，「警察に一緒に行って相談しよう」と提案すると，彼らはあきらめて立ち去りました．そして，私は無事に閉店時間前にピザを買うことことができました．

私の留学体験記 ⑦ Finding our way

留学に消極的だった私の留学記録

留学先 ● ハーバードメディカルスクール（アメリカ）
期　間 ● 2011 〜 2016 年現在
誰　と ● 妻（留学中に子ども 2 人）

井上　梓（ハーバードメディカルスクール）

「若者よ，人生は一度だ．世界で活躍しよう！」というテーマであるが（編集部注：本コラムはこのようなテーマで先生方にご執筆いただいたものです），私もまだまだ若者なので人生を語れるほど経験豊富ではない．そのため私からは，もうすぐ4年が終わろうとしている自身の留学を振り返って（2015年当時），その記録をわずかながらお送りするとともに，「世界で活躍」するための条件を1つだけあげたい．

私は学生時代から研究は大好きだったが，日本が好きでずっと日本で研究していたいと思っていた．海外旅行や洋画に興味はないし，ましてや海外への引っ越しなんて考えただけでおっくうだったので，留学は消極的であった．研究生活は日本でも充実していたし，十分に楽しくやれていて何も不満はなかった．先輩方の留学体験記を読んでもあまり興味は湧かず，そもそもこのような留学お勧めキャンペーンは何なんだ，どうせ留学体験記とかって海外で成功をおさめた人が書いてるんでしょう，そんなにいうならとりあえず失敗談も聞かせてくださいよ，私は当初，研究留学に対してこのような感覚をいだいていた（さすがにここまで卑屈ではなかったと信じたいが）．読者のなかにもこういうタイプは少なからずおられるのではなかろうか．

留学を志したきっかけ

しかし，このような価値観をくつがえしてくれた先輩に出会えたことは私にとって幸運だった．その先輩は留学を希望しており，「海外で暮らしてみたいと望んでも叶わない人はたくさんいる．それができる人間は限られていて，研究職っていうのはそんな限られたチャンスがある職業だ」というようなことを力説してくれた．当時の私は割合素直だったので，これを真に受け留学を意識するようになった．

そういう意識をもっておくと思わぬ話が舞い込んでくるものである．とある学会で知り合いの先生に，米国ノースカロライナ大学のYi Zhang博士がマウスの卵子を扱うポスドクを探しているとの情報を得たのである．そこからは話が早く，博士課程2年の終わりに留学が内定し，期待と不安が入り交じったまま日本での最後の1年を過ごした．不安の感情は，とりあえず3年間がんばろう，それでダメだったら日本に帰ってまた一からがんばろう，と思うことで打ち消した．

生活セットアップの苦労

アメリカに来て，予想していたよりもたいへんだったのは，アパート，携帯電話，インターネットなどの契約をはじめとした家のセットアップであった．アメリカではこのようなときに電

話でやりとりすることが多く，英語での電話が苦手な私にとっては大きなストレスであった．半泣き状態でようやく約束をとりつけたと思っても，彼らは平気ですっぽかすのである．彼らを動かすには2度や3度はプッシュしなければならないことを学んだ．メールのときでも，向こうが動くまで何度でも同じ内容を送り続けるとよいようである．日本では非常識な行為だが，アメリカではこうでもしないと割を食うのはこちらである．どうりでボスはポスドクに何度も何度もしつこく同じことを言うもんだ，と妙に納得がいった．

さらにたいへんだったのがアメリカ国内での引っ越しだった．留学2年目に研究室がノースカロライナからボストンのハーバードメディカルスクールに異動することになったのだ．1カ月以上実験ができないだけでなく，やはり生活面のセットアップを一からリスタートせざるを得ないのが辛かった．さまざまな契約をはじめ，地理感もない，生活のリスタートだけでなくラボもセットアップしなければならない．あの2カ月は私の留学生活のなかで一番ストレスを感じた時間だった．

アメリカで研究して得たもの・感じたこと

さて，不安に思っていた研究面であるが，幸いにして今のところ順調にいっている．世界中から集まった優秀な同僚のおかげである．「あぁこれが天才か」と思うような彼らとのディスカッションから，一人ではとても思いつかないような仮説が生まれることがあるのである．特に私の所属研究室は，発生以外にも生化学，幹細胞，バイオインフォマティクス，そして脳までさまざまな分野のポスドクがエピジェネティクスの旗のもとに集っており，彼らとのやりとりは自身の研究の視野を広げてくれる．このような仲間との出会いは，留学の最大のメリットであろう．

一方で，当たり前だがポスドク全員の研究がうまくいくわけではないことも事実である．うまくいっている人に共通する資質として感じるのは，自分主導で研究する経験を十分に積んでいることがあげられる．学生時代から自分で手を動かし，あるいは論文を読んで感じた疑問を，検証可能な疑問に落としこみ，実験を計画・遂行し，結果を解釈し論文を書く．もちろん指導教官の助けを借りながらであるが，この一連の作業を自分主導で実践した経験の重要さを感じる．

学生時代に掲載された雑誌のIFなど，そこにはほとんど関係ないように思う．専門誌でもしっかりした仕事というものはしっかりと身に付くし，人に伝わるのである．逆に教官に言われるがまま，あるいは研究室の歯車の一つとして実験して一流紙に出しても本当の実力はつかない．

簡単にいえば，君がアドレスしている疑問は，自分が知りたいのか，それともボスが知りたいのか，ということである．研究者をめざすなら絶対に前者であるべきだ．後者ではうまくいかないときにボスに責任転嫁できてしまうのでモチベーションも維持しにくいし，ふんばりどころで熱意が不足する．なにより論文になったときの喜びが桁違いである．

研究者をめざす学生には，自分の研究テーマを「自分主導の研究」と強く意識して，しっかりと自分の頭で考えて自分で実験を組み立てる訓練をすることをお勧めする．ボスの頭に期待しないですむくらいになれば，「世界で活躍」は目前である．

留学してよかったか

　最後に留学してよかったかどうか，という質問には胸を張ってイエス！と答える．そもそも留学したことを後悔している人を私はみたことがない．前述したようにいくらかのストレスはあるが，それを補って余りあるメリットがある．

　留学は，研究で成功したときの見返りが大きいだけでなく，研究面での成否にかかわらず，日本にいたら出会うことのない仲間との交流，英語の（ある程度の）上達，そして家族と過ごす時間，これらはまちがいなく手に入る．まだ若ければ仮に研究で成果が出なくても挽回できるはずだし，職なしで帰国した人を聞いたことがない．留学経験それ自体が自分の価値観を広げ，人生の財産になる．留学はたった一度の人生を謳歌する最高の方法だと思う．研究者は留学できるチャンスがある限られた人間なのである．そのような職業に就いたことに幸せと誇りを感じて，恐れることなくチャレンジしてほしい．

（掲載 2015/04/19，http://uja-info.org/findingourway/post/1053/ を一部修正）

第8章
人間関係を構築する①
～ラボでの人間関係

佐々木敦朗

　言葉も住居も日本と全く違う土地での生活は，孤独や力不足を感じることも多々あります．はじめの数カ月は，萎縮したり，ストレスを受けたり，"帰りたい！"と思ったりするかもしれません．しかし，いつの間にかギャップが埋まり，"留学してよかった"と感じるときがきます．あまり意識されませんが，留学で大切なことを身に付け，次のステージに入ったことを示すすばらしい瞬間です．
　この地点に到達する時間は人それぞれですが，到達するまでいくつかのコツやポイントがあるようです．先輩たちはどのように進んでいかれたのでしょうか？

　本章では，研究と生活をより実り多きものにするポイントについて，先輩たちの経験をもとに一緒に考えていきましょう．留学だけでなく，日本での私たちの研究人生への大きな糧となるヒントが詰まっています．
　そのポイントとは，人と人とのつながりです．福沢諭吉先生の次の言葉を胸に刻みつつ，重要性をみていきましょう．

　…その交わり愈〻広ければ一身の幸福愈〻大なるを覚ゆるものにて、即ちこれ人間交際の起る由縁なり。（中略）凡そ世に学問といい工

> 業といい政治といい法律というも、皆人間交際のためにするものにて、人間の交際あらざれば何れも不用のものたるべし。
>
> ―福沢諭吉「学問のすゝめ」（岩波文庫）九編より

[現代語訳] その交わりが広ければ広いほど、自分の幸福もいよいよ大きいことを感ずるわけだ。ここに社会生活の起こる契機がある。（中略）いったいこの世の学問にしても、工業にしても、政治・法律にしても、すべて社会のために存在するものだ。もしも社会というものがなければ、そんなものの必要もないはずである。 　（岩波現代文庫）

1 なんてったって人間関係！

意外に思われるかもしれませんが，**実り多き留学になるかどうかは，人と人とのつながりで90％決まる**といっても過言ではありません．福沢諭吉先生は「学問のすゝめ」のなかで、私たちは人間交際を拡げることでより大きな幸福を得ること，そして，学問，工業，政治，法律は人間交際のためにあると確言されています．

しかし留学先では、人との交際において、ゼロからのスタートになります．さらに言葉も価値観の共有もおぼつかない，不安定な状態です．

✳︎人とのつながりが生み出す好循環

これらは確かに留学初期の大きなストレスとなりますが，一方で，人と人とのつながりの大事さを実地で学び、交際を積極的に拡げていく力となります．本書やUJAウェブサイトに掲載された先輩たちの体験談は，人と人とのつながりが、次のような好循環を生み出すこと示しています．

● 研究の発展

- 異分野，異業種の方からの多岐にわたるアドバイス
- 充実した生活
- キャリアアップ，ジョブ獲得
- 生涯続く交友関係

このように人と人とのつながりは，私たちが留学で期待する成果へ直結しています．

しかしながら，"華々しい研究成果＝留学成功"のイメージが，人間の交際促進へのブレーキになっているケースがあります．私の最初のカリフォルニア大学サンディエゴ校留学も，その1つです．自分の研究のみに集中しすぎ，仲間をうまくつくれませんでした（第1章参照）．幸いボスとの関係は良好でしたので，悲惨な結末は避けることができました．

✤ ボスとの仲も大切

ボスとの仲はよいに越したことはありません．ボスに頼りにされ，大事な仕事やレビュー，グラント申請を回してもらう方がいる一方で，ボスとの関係が築けず，不安とストレスを受ける方，突然の解雇を言いわたされる方がいるのが現状です．

かくいう私もアブナイ時期がありました．参考になるかもしれないので，シェアさせてください．

2 ボスとの関係 "It's still HOT!"

✤ ボスへの報告を避ける

留学したての頃，私は英会話のニガテ意識と思い上がりから，ボスであるFirtel博士へのアップデートをあえて避けてしまっていました．

ラボに参加した3カ月後，「君はちゃんとやってるのか？」とキツイ調子

の言葉をいただきました．"ショック"でした．研究を任されていた日本の感覚をもち込んでしまったことが原因でした．そして，冷や水をかけられたように思いました．

　今思えば当然のことで，私はラボにとってはいち新人，テーマを理解しているか，ラボのシステムになじんでいるのか，Firtel博士はたいへん心配されていたのです．

✳ホットな報告が生んだ信頼関係

　その後，意識して月に2回くらい研究状況についてアップデートするようにしました．

　ある朝7時．X線フィルムを現像すると，とてつもなく"！"な結果．ボスのオフィスへ駆け込み，フィルムを渡しました．まだほんのり温かさを帯びたフィルムに，Firtel博士は「It's still Hot！」と大興奮して喜んでくれました．ここから一気に信頼関係は強まりました．ハーバード大学でも，"！"な結果が出たときに，Cantley博士へすぐに報告しました．

　今はラボを主宰して世界を飛び回っていても，少し前までは実際に手を動かし，データをみては一喜一憂していた研究者．ほやほやの"ホット"なデータを共有するのは，ボスにとっての至上の喜びなのです．

◆　◆　◆

　Firtel博士とCantley博士は，私がラボを卒業するときに，必要な研究材料があればもっていきなさい，どのテーマでも応援するからと，送り出してくださいました．両博士のすばらしいお人柄のおかげですが，すべての卒業生が，両博士のご厚情を受けられているわけではありません．このように，ボスとの良好な関係は，あなたの留学後への大きな助けになります．一方で，ボスとのトラブルに頭を悩ませるのは，日本でも海外でも共通です．大事な点ですので，もう少しみていきましょう．

3 ボスとの相性

留学先のボスが，どのようにラボメンバーを扱うのか，相談に対するボスの対応は早いか，ラボでの自由度の与えられ方，ボスの器と魅力がいかほどかは，あなたにとり切実なファクターです．ボスとの折り合いがつかず，飛び出される方もいます．

しかし，ボスへの不満をいくら嘆いても解決しません．ネガティブな言動は，周囲に毒を振りまいているようなもので，あなたにとってのマイナスにしかなりません．

✱相性は心がけしだいで何とかなる

実は，ボスとの相性は，あなたしだいでかなり何とかなります．

あなたの周囲には，指導教官とうまくいっている人，そうでない人，それぞれのケースがあるのではないでしょうか．一般的に，直感的タイプと論理的タイプ，または直接コントロール型どうしは，それぞれ両者の間でストレスが発生しやすいと考えられています．

大事なことは，人間にはいろいろな気質があることをふまえ，あなた自身が，それぞれのケースでの対応を学ぶ姿勢をもつことです．全世界共通の処方箋を5つあげます．

✱1. ボスとの共通点を増やす

ボスが朝型なら朝型へ．野球が好きなら，野球の話題．研究ゴールの確認も共通点です．こびることはないですが，相手の人間性を肯定し，よい点をまねるのは，すばらしい共通点になります．

✱2. 頼りになる存在となる

ボスから依頼が回ってきたら，速攻でしあげましょう．データについて

も，常に見せられる形にまとめておき，そしてスライドとして使ってもらえるようにしておくと，あなたの株は大きく上がります．技術や知識でラボの他のプロジェクトへ貢献したり，批判よりもコンストラクティブ（建設的）な発言をしていくメンバーは，ボスにとって非常にありがたい存在です．

✴3. ともにラボを盛り立てる

ラボでのイベント（バーベキュー，クリスマス会など）等に積極的に参加すると，メンバーだけでなくボスとの絆も深まります．これらのイベントは，ラボのみんなが仲良くできることが目的です．進んで参加し楽しんでいるメンバーの姿は，ボスとしては嬉しいものです．

ボスと問題を抱えている方は，ラボのイベントを敬遠しがちです．気持ちはわかるのですが，自ら問題をこじらせてしまっています．挽回の機会を大切にしましょう．

✴4. にっこり元気よくあいさつ！

非常に簡単かつ効果絶大なアクションです．この逆をやってしまうと，なかなか歩み寄れません．

✴5. 誠実に堂々と接しよう

立場や言葉は違っても，あなたもボスも同じ人間どうし．誠実さは人間関係の根源です．言葉が伝わらず誤解を受けることもありますが，ごまかしたりくさったりせずに誠実に態度で示していくのが大事だと思います．信頼関係は一朝一夕では築けません，少しずつ深めていくものです．

✴どんなボスからも学びとろう

あなたは，これからの人生のいろいろな場面で，人間関係や相性の問題

に遭遇するでしょう．ボスがよい人物であれば，あなたはボスのふるまいを学び，身に付けていけるでしょう．そして，反面教師から得られることもまた，非常に"身に沁みる"ものです．

あなたがキャリアアップして，部下をもつ立場になるときがきます．あなたが部下と接するスタイルやリーダーシップには，これまでのボスからの学びが大きく反映されます．ぜひ，どのようなボスからも学びを見つけて，あなた独自のリーダー像を培ってください．

4 人と人とのつながりを拓く3つの鍵

　福沢諭吉先生は，幕末，3回の渡航を経て，西洋を紹介する多くの書物を書かれました．とくに明治維新後に書かれた「学問のす〻め」は当時の日本人に大きな影響を与えましたが，現代の私たちが読んでも得るところの多い書物です．

> …多くの事物に接し博く世人に交わり、人をも知り己をも知られ、一身に持前正味の働きを逞(たくま)しうして自分の為にし、兼ねて世の為にせんとするには、

[現代語訳] …多くの事物に接して、広く世間と交わらねばならぬ。そうして他人をも認め、自分も認められ、わが身に備わった正真正銘の実力を発揮して、自己をも利し、社会をも益せねばならぬ。それにはどうしたらいいかといえば、

（岩波現代文庫）

「学問のす〻め」（岩波文庫）十七編のくだりです．私たちが留学に期待

することを，見事に言い表しています．福沢諭吉先生は，これを達成するための3つの鍵をあげています．1つずつ，みていきましょう．

✱1. 言葉にして伝える力

> 第一　言語を学ばざるべからず。文字に記して意を通ずるは固より有力なるものにして、文通または著述等の心掛けも等閑にすべからざるは無論なれども、近く人に接して直ちに我思うところを人に知らしむるには、言葉の外に有力なるものなし。

[現代語訳]　第一には、言葉の勉強が大切である。文字に書いて意思を通ずるのもむろん有益な事で、文通や著述などの心掛けを怠ってはならぬことはいうまでもない。しかし、直接相手にぶつかって意思を伝えるには、なんといっても談話ほど有力なものはない。　　　（岩波現代文庫）

第一の鍵は，**交流の場で伝える力**です．私たちは科学論文を読みますが，やはりセミナーや学会で，直接研究者の話を聞くときに，その重要性は力強く伝わってきます．逆に，すばらしい仕事だと論文から知っていても，発表を聞くと，どうも腑に落ちない気持ちになることもあります．

このように言葉は，最も意思を伝える力があります．留学はコミュニケーションする力，すなわち，あなたの考えを理解してもらう力を養う絶好の場です（第1章参照）．世界の人々がどのように自分の考えを伝えているのかも，学ぶことができます．

✱2. 身なりや表情

> 第二　顔色容貌を快くして、一見、直ちに人に厭わるること無きを要す。(中略)顔色容貌の活潑愉快なるは人の徳義の一箇条にして、人間交際において最も大切なるものなり。

[現代語訳]第二には、顔つきを明るくして、一見、人に不愉快な印象を与えぬことが大切である。(中略)顔つきを明るく愉快に見せるのは、やはり人間のモラルの一条件で、社会上最も大切なことである。

(岩波現代文庫)

なんと！　第二の鍵は，**身なりをキチンとして人に不快感を与えないこと，活発で明るいこと**です．いわば外見が大事ということです．

たしかに私たちは，人と会ったときに，身なりや表情，そして会話から，どのような方なのかを判断しています．一流と目される研究者の方々は，とびきりの笑顔に，がっしりした握手（男性の場合），話していて気持ちよい方々が多いように思います．

慎み深さを重んじる日本の文化からは，なかなか難しいところがあるかもしれません．表現しすぎかな…と思うくらいで，ちょうどよいと思います．

✱3. 垣根を越えたつながり

> 第三　道同じからざれば相与に謀らずと。(中略)恐れ憚るところなく、心事を丸出にして颯々と応接すべし。(中略)人にして人を毛嫌いするなかれ。

[現代語訳] 第三に、「道同じからざれば、相与に謀らず〔主義を異にする者とは、話し合っても意味がないとの意〕」(論語) という古人の言葉がある。(中略) おめず臆さず、心の中をさらけ出して、気軽にだれとでも付き合うがよろしい。(中略) 人間と生まれながら、同じ人類を、わけもなく忌み嫌うようなことがあってはなるまい。

(岩波現代文庫)

　第三の鍵は、**分野や業種の垣根を越えた交友**です．この節のなかで福沢諭吉先生は，学者は学者，医者は医者でかたまり，業種を越えた交流を避けることが多い点を指摘し，これは大きなまちがいであることを述べています．そして，生涯の親友を得ることは，偶然に頼むことになるけれど，多くの人と接することでそのチャンスが増える．人生は何があるかわからないので，異業種の友人であっても，将来助け合うことになるかもしれないと述べています．

◆ ◆ ◆

　留学では，研究者だけでなく，製薬企業の方はもとより，製造，政治，小売り業など，さまざまな仕事をされている方と日本人どうしという点でつながり，知り合いになる機会が増えます．

　私はボストンで，生命保険会社の方，精密機器，情報産業の方と，夕食をともにする会に参加しました．皆さまがそれぞれの視点で世界への貢献を考えられていて，互いの分野で意外な接点などもあり，世界を見る目が大きく変わりました．このはじまりも，とある場所で目があってニッコリ笑ったところからです．胸襟を開いて，いろいろな方と交友してみてください．あなたと日本の力になります．

✻ 先輩方の体験談

　留学先での垣根を越えた人と人とのつながりについて，先輩方の体験談

をご紹介します．

◆　◆　◆

黒田垂歩（バイエル薬品株式会社）

　ボストンに留学して3年が経ったある夏の日，私は原因不明の腹痛で病院に緊急搬送されました．白血球数の異常上昇，激しい炎症，大量の腹水，大腸の浮腫．ハーバード大学に所属する医師がありとあらゆる検査を行っても原因は不明．病院ではすべてが英語で心細く，「自分は二度と日本の土を踏めないんだろうか」と考えたほど．そんなとき，支えになってくれたのが「いざよいの夕べ勉強会」（第0章コラム参照）で知り合った友人たちでした．

　みんなの温かいお見舞いに励まされたり，臨床医をやっていた多くの友人からセカンドオピニオンをもらったり．なかには"気"を注入してくれたすごい仲間も！多分それが一番効いたのでしょう（!?），約2週間の入院の後に無事退院することができました．

　"いざよい"で知り合った友人たちはサイエンスで結ばれた最高の仲間である以上に，私にとっては命の恩人でもあります．

◆　◆　◆

今井祐記（愛媛大学）

　ボストンでお会いした製薬企業の山名さんは，当時小学生だった息子の友だちのお父さんでした．べったりするわけではありませんが，同じ領域の研究に携わっているということもあり，技術的な，また社会的な意見および情報交換をするようになり，「いざよいの夕べ勉強会」への参加を推薦していただきました．

　"いざよい"では，主に生物系ではありますが，今までの人生で出会うことのなかった多種多様な背景の方々と知り合うことができ，視野が大きく広がりました．"いざよい"メンバーとは留学中も帰国後も複数のコラボを実施し，なかでも今や家族ぐるみでおつきあいしている息子の友だちのお

父さんとは，正式な契約を踏まえた共同研究を展開できるようになりつつあります．

　留学中にできた新しく多様なつながりが，私の人生を強く支えてくれていることを実感しています．

◆　◆　◆

　人と人のつながりから生み出される力．日々の議論は，サイエンスを謳歌するための原動力であり，大胆果敢な研究に邁進するための勇気となります．紀元前より，サイエンティストはさまざまなバックグラウンドをもつ人々との交流から，サイエンスを前進させてきました．

　留学では，自分一人の限界を知り，日本人どうし，留学生どうしといった同胞意識が生まれます．こうしてもたらされる，"人と人とのつながり"．そして，その大切さに気づくこと．これが留学における1つの宝だと私は思います．この宝は，日本においても見つけることは可能です．

　あなたは，これまでの人生のなかで，何度も新しい扉をくぐり，人と人との絆を築いてきました．くり返しのようにみえる日常のなかにも，人と人とのつながりを築く機会は散りばめられています．つながりの大切さを意識すれば，積極的に交流がもてます．胸襟を開けば，交流から深いつながりが生まれます．深くつながれば，互いの人生で得た英知を共有できます．

　大切なのは言葉ではありません．あなたの気持ちと明るく誠実な姿勢が，明日のつながりへの種子となります．いつの日も，どこにいても，どんな状況でも，明日への扉はあなたを待っています．

So lets' open the mind and find friends!

国際社会にみるモテ指数

佐々木敦朗

　欧米ではアイコンタクトが大切．私は意識して目をあわせるようにしていました．ところがある日，「フランスでは議論を大切にするんだ，いろいろ言ってるけれど許してくれ」と同僚のフランス人から言われました．ようやく自分が"メンチ切って（にらみつけて）"話していたことに気づきました．無表情で，目をそらさず話す私は，それはコワい顔していたと思います．散髪に行くのが億劫で髪の毛は伸ばし放題＋よれよれTシャツ．国際モテ指数＝5．

　ちなみに，そのフランス人の同僚のSylvainは，服装だけでなく会話のセンスも抜群．完璧なるレディーファーストに，食事のマナー．ウインクも格好よくて，同性の私でも惚れ惚れでした．なにより，常に"楽しむ"姿勢に，ボスからも周囲からも絶大な人気を得ていました．国際モテ指数＝120．

　留学で気づくのが，大和撫子の評価の高さです．服装・マナー・身のこなし・繊細な気遣いなど，確かに世界基準でも突き抜けていると思います．

　対照的に，大和男子は欧米のジェントルマンの前に苦戦気味です．私も荒波に揉まれているひとりです．つい先日，私は年輩の女性にドアを開けてもらって，先になかに入ってしまいました…orz．3月に，ある女性研究者を空港へ送迎したときのこと．車の横で直立されているので，「ロックはかかってないですよ」と伝えました．すると少し困惑された様子で車に乗られました．助手席のドアを開けてもらうのを待っておられたのだと，送迎後に気づきました……orz．

　習慣を変えるには，まず気づくことから．見回すとお手本となるような方が必ず周囲にいると思います．そういった方を参考に，国際的ジェントルマンへ成長していきましょう．私もがんばります．

私の留学体験記 ⑧ Finding our way

落ちこぼれ留学体験記

留学先 ● ダナ・ファーバーがん研究所／ハーバードメディカルスクール（アメリカ）
期　間 ● 2005〜2012年
誰　と ● 単身

河野恵子（名古屋市立大学医学研究科）

留学してみたいけれど実力に自信がない，あるいは英語に壁を感じるなどの理由で留学をためらっている人がいたら，思い切って飛び込んでみてほしいと思います．私は2005〜2012年まで，アメリカ合衆国マサチューセッツ州ボストンにて留学生活を送りました．ボストンは大学や研究機関が密集した街であり，そのなかでもメディカルエリアとよばれる医学研究のメッカで足掛け7年という長い期間を過ごしたことは，私の人生を大きく転換させました．喜怒哀楽がいっぱいに詰まった，忘れがたい，研究者としての青春です．

まさかのオファー

留学前の私は謙遜抜きでぱっとしない学生でした．実験すれば大事なところで失敗する．ラボミーティングでは議論ができず黙り込む．スター学生たちがバンバン論文を書き，日本学術振興会の特別研究員となり，学会の新人賞を受賞して輝いているのを，指をくわえて見つめるばかりでした．

そんな私がDavid Pellmanラボに応募して面接によばれたときも，まさかオファー（ポスドクとして雇うという承諾の返事）をもらえるとは私自身を含め誰も予想していませんでした．それなのに運よくPellmanラボからはOKの返事をいただき，驚きながらも日本の研究室に

「オファーもらいました！」

と報告すると，

「え？」

と絶句され，耳を疑うように

「…ご飯もらった？」

と聞き返されたのもよい思い出です．

そんなふうでしたから，失うものは何もありません．留学先では研究が好きだという熱い気持ちだけを支えに，必死に勉強し，実験しました．しかし留学したからといって急に何もかもできるようになったりはしません．Pellmanラボでももちろん引き続き落ちこぼれです．そのうえアメリカは社会システムも常識も日本とは異なる点が多く，慣れるまでは緊張とストレスの毎日でした．研究室でのコーヒーブレイクの会話にもついていけず，愛想笑いをするばかり．ダメな日本人の典型です．同じ研究室や近くの研究室にいた日本人に親切に声をかけていただかなかったら，3カ月もしないうちに日本に逃げ帰っていたと思います．

本気で英語の勉強を開始

そんなとき，このままではだめだと一念発起して本気で英語の勉強を始めました．いろいろな方法を試しましたが，一番効果があったのが，録音した英語を聞きながら同時に自分でもまねて口に出していく「シャドーイング」という方法です．私は研究に役立つ言い回しを覚えたかったので，NatureやScience，Cell誌などが出し

ているPodcastを題材に選び，毎日くり返し聞きました．出てきた知らない単語・熟語などを，単語帳を作成してまとめました．この勉強法を始めて半年くらいで，目に見えて英語が聞きとれるようになりました．

スピーキングの練習にはラボミーティングの機会を利用しました．まず完全な原稿をつくり，親切なネイティブの友人に直してもらい，それを何十回も口に出して覚えました．このような練習をラボミーティングやジャーナルクラブのたびにくり返すうち，少しずつアドリブで話せることも増え，学会の口頭発表もなんとかこなせるまでになっていきました．

5年目には白熱した議論ができるまでに

そうして英語が上達するにつれ，日本人以外の同僚たちともコミュニケーションがとれるようになりました．最初は雲の上の天才と見えた同僚たちも，親しくなってみれば笑ったり泣いたり，ときには失敗したりする普通の人間でした．

彼らとは実験や論文の話から家族や趣味の話まで，いろいろなことを話しました．最初はさっぱりついていけなかった研究の議論も，1年，2年と経つうちに少しずつ理解できるようになり，3年，4年も過ぎれば口を挟めるようになり，5年目を迎えるころには白熱した議論ができるようになっていました．留学生活の最後には，親切な彼らの力を借りてこんな私でもCell誌に論文を出すことができました．夢のようでした．

帰国のあいさつに行ったとき，ボスのDavid Pellmanはこう言ってくれました．

「僕がこれまでに指導したポスドクのなかで，一番成長の幅が大きかったのはまちがいなく君だ」

後になってよくよく考えるとあまりほめていないような気もしますが（優秀だとは一言もいっていない…），7年間がむしゃらに目の前の課題と格闘してきた落ちこぼれには何より嬉しい言葉でした．

（掲載2015/07/16, http://uja-info.org/findingourway/post/1280/ を一部修正）

留学開始〜留学中 編

第9章
人間関係を構築する②
～日常生活における人間関係

坂本直也

　日本で生活していると，近隣の住人は9割方日本人で，外国人の生活を垣間見る機会はなかなかないと思います．似た生活スタイル，規範意識がある程度共有できる環境に，日本人は良くも悪くも慣れてしまっています．
　本章では，特に日常生活での「人とのつながり」を広げるポイントに関して，先輩方の経験をもとに一緒に考えていきましょう．

　留学先として候補にあがる欧米諸国では，いろいろな人種的ルーツ，社会背景をもった人たちと隣りあわせて暮らすことになります．言語，価値観の共有が難しい相手との人間関係の構築は，留学初期には特に大きなストレスになります．しかし，これを乗り越えて得るものの大きさははかりしれず，私自身，インターネットの検索では知りえない現地の生活情報，いろいろな国の情報をたくさん教えてもらえたことで，確実に実生活が充実し，見識を深めることができました．

1 まずは「脱」外国語コンプレックス

✽日本人の外国語に一番厳しいのは日本人！

　日本には「恥の文化」があるといわれますが，これは周囲の目を気にするという意識の表れです．「流暢な発音でしゃべらないと恥ずかしい」「自分の発音ではネイティブには通じない」と思っていませんか？ 実際にいきなり外国人に話しかけられたとき，「えっ!? どうしよう!? 聞きとれないし，うまくしゃべれないし，悪戦苦闘している姿をさらしたくないんだけど…」とネガティブにとらえてしまう人はわりと多いのではないかと思います．

　このような日本人独特の考え方が災いして，せっかくの出会いのきっかけをみすみす逃してしまっているかもしれません．

✽まずは気軽にあいさつから

　言語はあくまでコミュニケーションのツールです．**意思疎通をはかれるかどうかが一番大切**で，学校のテストのように，まちがえて減点されることを恐れる必要はありません．実際に各国政府の高官が英語でスピーチしている姿をテレビでみても，彼らは少しも恥じることなく，かなりクセの強い英語を堂々としゃべっています．

　必要以上に構えすぎず，まずは気軽にあいさつを交わせる顔見知りをつくっていきましょう．

2 第一印象の大切さは万国共通：
"First impressions are the most lasting"

　第一印象は，人間関係の土台となる非常に重要なものです．**人間関係をうまく築くカギは第一印象にある**といっても過言ではありません．

科学的には，出会って最初の7秒で第一印象が決まるとされています．心理学的に「初頭効果（prime image）」と定義づけられており，人は無意識に，初対面で感じた印象を基準に他人を評価しています．前述した「脱外国語コンプレックス」を果たし，勇気を出してあいさつを交わすそのタイミングこそが，その後の関係を占う重要な瞬間です．

　その前に，大事なポイントを再確認しておきましょう．

✱1. 健康的に見せる

　口ではなんといおうとも，人は潜在意識として無意識に健康そうな人を好みます．

　パッとみて不健康そうな，髪がボサボサ，（デザインではない）ヨレヨレの服，目やにだらけ…の人と仲良くなりたい人はいないと思います．目の輝き，姿勢，しなやかな体の動き，第一印象をよくするうえで，これらは必要不可欠です．第8章でも引用がありましたが，

> 顔色容貌の活溌愉快なるは人の徳義の一箇条にして、人間交際において最も大切なるものなり。
> ―福沢諭吉「学問のすゝめ」（岩波文庫）十七編より

　　　[現代語訳]　顔つきを明るく愉快に見せるのは、やはり人間のモラルの
　　　一条件で、社会上最も大切なことである。　　　　　　　（岩波現代文庫）

　国，人種は変われども，人に与える印象の基本は変わりません．人と会うときのマナーを意識し，常に習慣づけることが大切です．

✱2. 出会って3秒以内に笑顔

　第一印象をよくするには，表情がとても大切です．外国人の多くが初対面で印象に残る特徴は「笑顔」と答えるようです．第一印象が7秒以内に決まることを考慮すると，出会った瞬間に笑顔で応対するのが望ましいでしょう．

　一方で，こわばった笑み，笑いすぎは逆効果になることもあるようです（緊張をごまかしている，傲慢にみえてしまうなどのリスクがあります）．鏡の前で自然な笑顔を練習してみてもよいかもしれません．

　また，笑顔は周囲の人々を安心させるだけでなく，自身の健康に悪影響を及ぼすストレスを減らす効果があることが，複数の研究で裏づけられています．好意的な印象を与えなければ，と構えることでストレスが増すとしても，笑顔を浮かべることでそのストレスを多少相殺することができます．ですのでご安心ください（？）．

✱3. アイコンタクトをとる

　特に欧米では，アイコンタクトは相手への敬意を示すとされています．また，会話のなかで相手への関心をもっているという認識を伝えることにもつながります．緊張していると思わず目を泳がせてしまいがちなので，最初のうちは意識してアイコンタクトをとるように努めるくらいがよいかもしれません．

　しかし笑顔と同様，これもやりすぎには注意が必要です．あまりに凝視すると気持ち悪がられたり，にらみつけていると勘違いされることがあるのは，万国共通です（第8章コラム参照）．

✱4. インパクトのある自己紹介

　私は英会話の先生から"エレベーターピッチ（エレベータースピーチ）"の重要性をしつこく説かれました．エレベーターピッチとは，「もし超有名

研究者に思いがけず1階のエレベーターで乗りあわせたとき，5階に着くまでになんとかして自分を最大限に覚えてもらう効果的な自己紹介」で，それを常日頃からいかなるシチュエーションでも出せるように準備しておくべきだ，ということでした．

日本語なら簡単に自己紹介はできますが，他言語では準備しておかないといざとなったときに口ごもってしまいかねません．時間にして約30秒，そこに必要な情報を詰めこみ，かつインパクトを残せる自己紹介，ぜひ考えてみてください．

＊5. 相手に感謝，感動，関心を伝える

よいリアクションをしてくれる人とはとても気持ちよく話ができるのは，これも万国共通です．誰しもが「感謝されたい」「一緒に感動してほしい」「関心を示してほしい」という欲求をもっています．意識してこれらを伝えることで，相手にとって，自分のことを理解してくれる人，また会って話したい人，になることが期待できます．

3 一期一会を逃さない会話術

第一印象をバッチリにみせる下準備を整え，さぁ外国人と会話しようと意気込み話しかけてはみたものの，

"Hi, how are you?"

"Good, thanks."

　…………

　…………

なんてこった！中学1年生の英語の教科書レベルの会話で終わったではないか！かといって，いきなり外国人相手に何を話せばよいかわからな

い，相手も気を使ってしゃべってくれるけど，何を言っているのかもわからない…のナイナイ尽くしで困ってしまった，という経験が私にもあります．

✱ 初対面で会話が広がらないのは当然

まず前提として，**初対面で会話が広がらないのは当然**です．語学力の問題ではありません．会話は共通認識があってはじめて成立するものであり，日本人どうしであれば共有する話題（好きな芸能人，話題のレストラン，ファッションなど）があるから，初対面でも話そうと思えばドンドン話ができるのです．

日本人どうしの初対面での会話を思い出してみてください．まず，手探りながらも相手の情報を少しずつ引き出し，共通の話題を見つけ，共感できるポイントをもって話題を弾ませようと努めていたことでしょう．

✱ 話しかけるコツ，話を広げるコツ

さあ，留学に来たあなたの人間関係は，ゼロからのスタート．外国人相手に話しかけるコツ，話を広げるコツを少しチェックしてみましょう．

❶ 無難な話題選び

いざ話しかけようと思ったときに，何から話すのがセオリーなのか，これすら悩んでしまう人が多いことと思います．困ったときは**「天気，季節」**の話題！これは万国共通のようです．

また**「スポーツ」**の話題も鉄板ネタです．アメリカであればアメリカンフットボール，ヨーロッパではサッカーのビッグマッチの後はその話題でもちきりだったりしますので，結果だけでもフォローしておくと日々の会話に役に立つことまちがいなしです．

❷ 5W1Hを駆使する

日本語の会話でも同じですが，話題を広げようとするときには，「はい・

いいえ」で答えられるclosed questionよりも、相手に何かをしゃべってもらえるopen questionを選ぶべきです。

具体的には、英語でいうところの"What, Whose, Who, Where, Why, How"を使った質問をして、相手に何かをしゃべってもらうことで次なる話題の展開の糸口をつかんでいきましょう。

❸沈黙を避ける

これも日本語の会話と同じですが、沈黙は微妙な空気を生んでしまいます。海外では特に顕著で、「振った話題に対してコメントがない＝興味がない」と受けとられてしまいかねないようです。また日本人はなんていったらよいかわからないときに、口ごもってモジモジしてしまうことが多いのですが、これも外国人からすると対応に困るようです。

日本語で会話が止まったとき、何て返事をしようか悩んだとき、無意識に「えーっと‥あれなんだっけなぁ」など、**時間稼ぎの定型句**を口にしていると思います。各言語で同じようなフレーズをチェックしておき、言葉に詰まったら間にはさんでいくと、自然な会話の流れをつかむのに役立つことでしょう。

❹とりあえずほめる

人間誰しもほめられて悪い気はしません。お世辞でも全く構わないので、一つ興味のそそられるものを見つけましょう。アメリカでよく耳にしたフレーズとしては

"I love your bag/T-shirt/shoes, pretty cool. Where did you get that?"
です。たまたま道で出くわした人、スーパーのレジの店員さんなど、大してファッションに気を使っていない私でさえ、身に余るおほめの言葉をいただきました（笑）。おそらく「天気」と同じくらい無難な話題の振り方なのだろうと推測します。

日本人（特に男性）の感覚からすると若干ハードルは高いかもしれませんが、ぜひともとり入れて、場を和ませ口を滑らかにする、自然なice break

をモノにしてください．

4 「脱」日本流人づきあい

✱日本人の人づきあいは特殊⁉

　顔をあわせばあいさつを交わし，世間話をできる相手ができてくれば，外国での人間関係を問題なく築いたも同然！ とはいかないようで…日本人にとってふつうの人づきあいが，外国人にとってはとても難解で，**日本の人間関係の構築のしかたは非常に特殊だと思われている**ようです．

　日本人の人間関係の特徴は，端的には「内と外」「本音と建前」と形容され，無意識のうちに相手との距離をはかり，その距離をうまく保ち，相手と争わないことを美徳とします．自ら積極的に自分の本当の姿をみせようとはせず，相手に合わせて徐々に心を開いていくスタイルを好む人が少なくないはずです．

　このような相手の出方を推しはかるような日本流のコミュニケーションのしかたは，初対面でもしっかり自己主張をし，相手に積極的に理解してもらおうとする欧米型とは真逆です．

✱ありのままの自分を出そう

　では，人づきあいのスタイルを海外モードに切り替えるにはどうしたらよいか．

　これは私個人的な解決法ですが，「この人，気が合いそうだな，仲良くなってみたいなぁ」と思ったら，一緒に飲みに行く機会をもつよう努めました．そう，最初は「お酒」の力を借りました．無意識に距離を置こうとする習性をアルコールは抑制してくれるので，気が大きくなって自分本来の姿をたやすく出せます．外国人とつきあうときは，そのくらいの心持ち

でちょうどよいということに気づくことができました．

　残念ながら日本人の45％は「お酒に弱い」とされているので，万人の解決策にはならないのは承知のうえですが，ありのままの自分をさらせばよい，というたとえとしてとらえていただけたらと思います．

◆ ◆ ◆

　日本では，年を重ねるにつれて人間関係も複雑になり，背伸びして相手に合わせようとがんばっている自分がいるように思います．

　それは日本人のおもてなし，サービス精神に通じる部分であり，一概に否定するつもりはありませんが，海外での人間関係の構築においては悪影響を及ぼす要因になっているように思います．留学生活においては考え方を変えて，**自然体で人と接することが，良好な人間関係を築く一番の近道**だと考えます．

✲ラボ以外の生活も楽しもう

　留学生活において，ラボで学ぶことの大切さはいうまでもないことですが，ラボ以外の生活を楽しめるかどうかもポイントの1つであり醍醐味です．日常生活のなかにもネットワークを広げるチャンスは散りばめられており，人種，業種を超えた交流に思わぬserendipityがあなたを待っているかもしれません．

So let's grab the chance in a million!

お国柄，国民性の多様性
坂本直也

　日本で「アメリカンジョーク」というと，デーブ・スペクター氏を連想する人が多いのではないかと思います．私は留学中にお世話になっていた英会話の先生から「みんなを笑わせる，とっておきのジョークを準備してこい」という無茶振りを数回受けたことがありました．意外にもこれはとてもとても勉強になり，おかげでラボミーティングのときにボスが放つジョークが何度か理解でき，心のなかで大きくガッツポーズしました．

　とっておきのジョークをネット上で一生懸命探していた際に目にとまったのですが，国民性をネタにした英語のブラックジョークが巷にあふれていましたので，いくつか紹介させてもらいたいと思います．

Joke ①
　ある豪華客船が航海の最中に沈みだした．船長は，乗客にすみやかに船から脱出してもらうため，それぞれの外国人乗客にこういった．
アメリカ人には「飛び込めばあなたは英雄ですよ」
イギリス人には「飛び込めばあなたは紳士です」
ドイツ人には「飛び込むのがこの船の規則となっています」
イタリア人には「飛び込むと女性にモテますよ」
フランス人には「飛び込まないでください」
日本人には「みんな飛び込んでいますよ」

Joke ②
　国際的な学会の場で遅刻してしまい，発表の持ち時間が半分になってしまった場合，各国の人々はどうする？
イギリス人……ふだんどおりのペースでしゃべり，途中で止める．
ドイツ人……ふだんの2倍のペースでしゃべる．
アメリカ人……内容を薄めて時間内に収める．
フランス人……ふだんどおりのペースでしゃべり，制限時間を越えても止めない．
イタリア人……ふだんの雑談をカットすれば，時間内に収まる．
日本人……遅刻はありえない．

　当然これらがすべての人に当てはまるわけではないですし，○○人だからと決めつけるのも時に注意が必要だと思いますが，それぞれの国の人の国民性をとてもうまく言い表しています．実際，私のイタリア人の同僚は，かわいい女の子を

見つけたら凝視する癖があり，"That's genetically imprinted on me!" と笑いながら言ってました．あくまで大まかな人となりの傾向を把握するには非常に役に立ち，何かのタイミングで話題にも使えることでしょう．

◆ ◆ ◆

参考までに「外国人からみた日本人の印象」で同じくジョークにとり入れられていたものを紹介させてもらいます．

ポジティブな印象
- 真面目．時間，ルールをきちんと守る．
- 礼儀正しく，他人に親切．

ネガティブな印象
- 内向的，何を考えているのかわかりにくい．
- 排他的，日本人どうしの結束を大事にする．

これもすべての人が当てはまるわけではないですが，良い印象は維持できるように心がけ，悪い印象を教訓として心にとどめ，日本人の世界でのプレゼンスをますます高めていきたいものですね．

私の留学体験記 ⑨ Finding our way

留学によって得られる"友"という宝物

留学先●エモリー大学（アメリカ）
期　間●2014〜2016年現在
誰　と●妻，子ども

大須賀 覚（エモリー大学脳神経外科）

「留学で一番大事なことは何ですか？」．留学に行く直前に，私はこの問いを，長年お世話になった恩師である佐谷秀行教授（慶應義塾大学遺伝子制御研究部門）にうかがってみました．佐谷先生はかつてアメリカでも大活躍されておられたので，その成功の秘訣を私は聞きだしたいと思ったのです．佐谷先生は，何の躊躇もなく，すぐに1つの答えをくれました．「友をつくることだよ」．多くの親友をつくり，自分の世界を広げ，研究面でもネットワークをつくり，将来に活かすことが，留学で一番重要なことだと教えてくれました．

私はアメリカ南部のアトランタにありますエモリー大学で，脳腫瘍の研究に従事しています．今回，海外での研究留学を考えている人のために，何かアドバイスになればと思い，私が留学から現在進行形で学んでいることを少し紹介させてもらおうと思います．特に，留学によって得られる"友"について，ご紹介させてもらいます．

海外で得られる友にはどんな人たちがいるでしょうか？　留学する前には同じ研究室の人ぐらいしか思い浮かびませんでしたが，実際には本当にさまざまな人に出会うことができます．出会いは日本で研究していたときよりも広く深いと思います．さらに，海外留学では意外にもたくさんの大事な日本人の友もできます．このあたりについても紹介させてもらいます．あと，英語との関係について，どうすれば友を多くつくれるのかなどにも触れたいと思います．

① 外国人の友について

留学で出会う外国人の友にはさまざまな人たちがいます．仕事関連では，研究室の仲間，共同研究者，同じフロアーで出会う研究者，事務の職員などがあります．プライベートでも多くの人に出会い，友となります．近所に住む人，通勤バスで毎日出会う人，子どもの同級生の親，友人のパーティーで出会う人など，本当にたくさんの人たちと出会い，友となります．

私のいるアメリカはまさに人種のるつぼで，これらの人たちの出身国は多岐にわたります．まさに世界のほとんどの国の人と知り合います．また，違う宗教の人とも出会います．これらの友との出会いは，その国の文化や考え方，宗教による生活習慣の違いを，ダイレクトに感じる貴重な機会になります．お互いの国の食事を紹介しあったりするだけでも，自分の感性や考え方が広がるように思います．

最も重要な友は，同じ研究室の同僚だと思います．私の研究室は多国籍で，同僚の出身国は，アメリカ・中国・韓国・インド・スロバキア・トルコと広範です．私は留学してすぐにとなりのデスクの中国人と仲良くなりました．まだ私が何もわからないときに，彼は親身になって助けてくれました．彼は本当に親切に，物品の場所から，ラボのルール，ボスとの関係のつくり

方など，いろいろことを丁寧に教えてくれました．海外では，言葉の壁があるために，どうしてもさまざまなルールなどで戸惑うことがあります．そんなときに，本当に助けになるのはラボの友だと思います．彼の助けのおかげで私はスムーズにスタートを切れました．ラボで友をたくさんつくることは，仕事を成功させるうえでの鍵だと思います．

ラボの仲間たちは私の研究を応援してくれますし，家族のことや子どものことなども気にかけてくれます．海外での交流のしかたは基本的に家族ぐるみです．もちろん，日本国内でも家族ぐるみのつきあいはありますが，そんなに積極的なものではない気がします．お互いの家族で一緒にいろいろなイベントに参加したり，子どもの成長を一緒に見守っていると，日本ではない密接な関係が築けると思います．

私はこちらに来てから妻が妊娠し，出産しました．慣れない異国の地での出産にも，みんなはいろいろな助けをしてくれ，そして一緒に喜んでくれました（**写真1**）．異国での妊娠・出産は日本とは違うことがたくさんあり，友の助言などがなかったら，スムーズにはいかなかったと思います．みんなにたいへん感謝しています．

自分の研究分野における優秀な研究者に多数会えることも，留学の重要な要素です．エモリー大学には脳腫瘍を研究している研究者が多く，この分野の一流研究者に出会えますし，これから活躍していく若手研究者とも友となれます．このことは，今後の仕事のためのネットワークづくりとしても重要だと思っています．やはり，顔を知っているかどうかというのは何の面においても重要です．

《写真1》ラボの仲間が私の新しい子どもの出産祝いをしてくれたときの写真．左から5番目が筆者，その右となりがボスのErwin Van Meir教授．

②日本人の友について

日本人の友についても紹介しておきます．じつは，海外留学こそ日本人の大切な友がたくさんできる好機だと思います．日本を離れて，慣れない異国の地で，コミュニケーションが不自由な環境で過ごすのですから，他の日本人の助けは貴重です．私自身はスタートアップする際には多くの日本人に助けてもらいました．そのおかげでスムーズなセットアップができました．本当にありがたかったです．そのありがたさがわかるので，その後は新たに来る研究者を積極的にお助けしています．このような機会を通して，日本人研究者どうしでたいへん深い絆ができます．彼らとは一緒に遊び，困っていることを相談しあい，お互いの子どもたちの成長を見て感動することができます．

アトランタにはたくさんの日本人がいますが，そうといっても，やはり同じ町や大学のコミュニティは明らかに狭いので，日本人どうしで集まることなどは比較的簡単です．交流も活発に行われています．日本人の研究者コミュニティ

《写真2》日本人研究者の仲間でColor Runというマラソン大会に参加したときの写真．

（アトランタ日本人研究者の会）があり，定期的に集まって講演会や交流会を行っています（付録参照）．また，大学内に併設するアメリカ疾病管理予防センター（CDC：公衆衛生に関するアメリカの政府機関）の日本人職員とのコミュニティもあります．また，エモリー大学のビジネススクール（MBA）に通う，日本人の一流ビジネスマンや，省庁から出向している官僚の方と知り合う機会もあります．ふだんは触れることのできない見聞を深めることもできます．異分野の人たちと知り合える機会は留学ならではと思います．

遊びもみんなと一緒に楽しみます．紹介する写真は，日本人研究者の仲間でColor Runというマラソンイベントに参加したときの写真です（写真2）．いろいろな色のカラーパウダーをかけられながらマラソンするという，アメリカらしい陽気なイベントです．このようにアメリカを楽しめるのは，よい仲間がいるからです．

研究面でも日本人研究者の存在は重要です．特に，エモリー大学で研究されている日本人研究者にはいつもいろいろなヒントをもらっています．日本にいる際には，なかなかがん分野以外の研究者に出会う機会は多くなかったですが，こちらでは異分野の日本人研究者と知り合う機会が多く，研究の話から新たなアイデアをもらったりしています．私は定期的にエモリー大学内の日本人研究者とランチディスカッションをしており，そこから新たなアイデアやモチベーションをもらっています．

③友をつくることと英語の関係

友をつくることと，英語の能力を上げることとは密接にかかわりがあると，私は思っています．海外留学した研究者で英語の面で難しいことは，英語を話す機会が決して多くはないことだと思います．授業があるわけではないですし，黙々と1人で研究していれば，話す機会はあまり多くはありません．そのため，友と一緒にランチを食べたり，雑談したりすることが，英語を話す機会をもつうえで，とても大事です．英語を話し，聞き，洗練させていく，多くの機会を得られるかは友の存在を抜きにしては語れません．英語が話せないから友ができないと嘆く人もいますが，そうではなくて，友をつくらないから英語が上達しないのではとも思います．

言葉の壁はもちろんあります．私も英語が得意なほうではないので，常に苦労し続けています．聞きとれない，伝えられない，というもどかしさと常に戦っています．親友が落ち込んでいるときに，言葉をかけてあげたいのに，適切な言葉がわからないなど，もどかしさだらけです．ただ，このような気持ちが英語の勉強のモチベーションになっています．

④留学先で多くの友をつくるコツは何か？

どうしたら多くの友をつくれるのでしょうか？これは，私にも正確な答えはないです．本当に交友関係の広い研究者を観察して，何が違うのかなと考えたこともあります．私なりに，今もっている答えのうちの2つをここでは紹介したいと思います．

1つは，「積極性」だと思います．話しかけないと始まりません．英語が達者でない日本人にとって，話しかけるということ自体が大きな壁があります．ただ，何事も話しかけないと始まりません．うまく伝わらなくてもいいから，とにかく話しかけると道が開けていきます．あとは，新たなコミュニティを開拓していくと広がるのではと思います．ただ，研究が忙しくて，これに関してはそれほどできていません．余裕ができたらチャレンジしたいなと思っています．

2つ目は，「相手に興味をもつこと」だと思います．この人はどんな人なのか，どこの国出身で，どんな背景があってここにいるのか，家族はいるのか，子どもはいくつなのか，将来の夢は何なのか，どんどんと興味をもって聞いていれば，お互いがわかり，そして自然と関係は深まっていくと思います．

⑤最後に

友は留学によって得られる宝だと思います．留学を考えている方は，ぜひ留学先で多くの友に会い，喜びや苦労をともにしてもらえればと思います．もちろん，交友関係のつくり方は個人差があると思います．その人なりのペースでよいのではと思います．友を必死になってつくる必要はないです．自然体で構えて，出会った人に常に興味をもって，丁寧に接していれば，きっとたくさんの友ができるのではと思います．

これらの出会いが将来どのように役立つのかはわかりませんし，そんなのを計算してもしょうがないと思っています．ただ，慣れない海外生活をともに助け合って過ごした仲間の結束は強いです．これは，きっと将来にもわたって続くに違いないと思います．

さらに多くの仲間がアトランタに来てほしいので，最後に宣伝をしておきます．アトランタは温暖で過ごしやすく，緑も多いきれいな街です．アメリカの大都市のなかではめずらしく家賃などの物価も安いです．アジア人の移民が多い都市のため，日本の食材もほとんどが現地で手に入ります（少し高いですが）．たいへんに住みやすいです．エモリー大学，ジョージア工科大学をはじめとしたたくさんの大学があり，さまざまな日本人研究者もいます．海外留学生活をエンジョイし，新たな友をつくり，世界を広げるには最高ではないかと思います．ぜひ，機会があれば留学先として検討してください．

最後になりましたが，私の経験を紹介させてもらう貴重な機会をくださった実験医学・UJAの関係者の皆様に心より感謝を申し上げたいと思います．ありがとうございました．

（掲載 2015/10/19, http://uja-info.org/findingourway/post/1413/ を一部修正）

留学開始〜留学中 編

第10章
2-Body Problem を乗り越える

髙井菜美

　パートナーの留学．それは，誰もができるわけではない貴重な経験であり，留学されるご本人はもちろん，またそのパートナーにとってもガラリと生活が変わる一大イベントであると思います．そのとき，自分は日本に残るか，留学に同行するかの選択をしなければならないでしょう．留学に同行するとしたら，海外で生活していけるだろうか，家族やキャリアはどうしよう….など，さまざまな問題が頭をよぎることと思います．

　本章では，「2-Body Problem を乗り越える」をテーマに，パートナーの留学が決まった際に多くの方が体験する悩みや不安をどのように乗り越えていくかについて，個人の体験を交えつつ，留学に同行する側の視点からお話させていただきたいと思います．

1　留学が決まってから渡米まで

　パートナーの留学が決まったとき，そのパートナーは留学に同行するか日本に残るか，大きな決断を迫られます．そのときに悩ませられる主な要因としては，海外での生活や家族，キャリアについての不安ではないでしょうか．これは非常に難しい問題だと思います．

✱ 決心と不安,そして怒涛の日々

　私ごとですが,夫の研究留学が決まったのは,彼が博士3年生,私が修士2年生の6月頃のことでした.「一緒にアメリカに行く?」との言葉に,少し迷いましたが,私自身漠然とアメリカで勉強してみたいと考えていたことと,なにより留学のチャンスを勝ちえた夫を応援したい気持ちが強かったことから,同行することを決意しました.

　しかし,日ごとに「アメリカで生活していけるだろうか」「日本に残した家族に何かあったらどうしよう」「自分のキャリアはどうしよう?」と,いろいろな不安を感じたことが今でも鮮明に思いだされます.

　当時はまだ結婚をしておりませんでしたから,いつ終わるともわからない留学生活の前に入籍・結婚式をあげ,論文作成,渡米準備…と怒涛の日々をすごしました.目の前のタスクをこなすことで精いっぱいで,本当に過酷でした.そのため,先のような不安は感じていたものの,意識にあがってくる暇はほとんどなかったように思います.

2 アメリカでの生活:孤独とそこからの脱出

✱ 一人ですごす日々

　夫の留学でボストンへ同行することに決めましたが,私自身には何か所属があるわけではありませんでした.そのため,夫が仕事に行っている間は自分ひとりで時間をすごさなければなりません.知らない土地には知り合いもおらず,何をすればいいかもわからず,外に出てみることさえ負担に感じる時期がありました.

　しかも,日本から海を渡って海外へ行くとなると,日本に残した家族とはそう気軽には会いづらい距離となってしまいます.今では海外にいても電話やSNSなどで気軽に連絡をとることができますが,それでもやはり物

理的な距離の違いは気持ちの面への影響も異なるものです．渡米したあとは，家族と頻繁に連絡をとるようになりました．大した用事はないのに声が聞きたくなって，何か会話をして寂しさを紛らわそうとしていたのだと思います．

✲異なる文化のなかで受けるストレス

仕事も友人もなく，本当に毎日空虚でした．1日何もせず家ですごすわけにもいくまいと思い，買いものや散策に出てみるのですが，そこかしこに日本とは異なる習慣があふれかえっており，家に戻るとどっと疲れを感じていました．

これまでとは異なる文化のなかに飛び込んで生活するとなると，必然的に多くの刺激を受けることになります．言葉も食事も生活のしかたも，あらゆる場面で日本との違いを感じるので，学びや成長の糧となる側面がある一方で，ときにストレスに感じられる側面があるかもしれません．頭では理解しているつもりでも，実際に肌で感じるとやはり衝撃は大きく，何度も心が折れそうになりました．

特に気持ちにゆとりがないときは，ふだんは気にとめないようなことや小さなことでも誇張してネガティヴに映ってみえてしまうことがあるもので，そんな最中でしたのでますます孤立無援のように感じられてしまって，まさに負の連鎖だったと思います．バナナを自分でむしって買うことにさえ強い衝撃を覚えたものです．

◆　◆　◆

そういうわけでしたので，新生活が始まってからしばらくの間は，今思えばささいなことでもストレスに感じられていたようで，胃が痛く体調の悪い日がしばらく続きました．誰に頼ることもできず，当時は本当に辛い時間に感じていました．

✻夫のサポートと不安からの脱出

　夫は仕事の休みをとれて時間のあるときや，友人・ラボの同僚と出かけるときには，私を一緒に連れていこうとしてくれました．最初はそれさえも負担に感じられ，本当に申しわけないのですが，お願いだから放っておいてほしい…という気持ちを抱いたこともありました．

　ですが，せっかく声をかけてくれているのを無下に断るわけにもいくまい，と思い，出かけるうちに，徐々に外に出ることにも，人に会うことにも慣れていきました．不思議なもので，どんな状況でも人は適応しようとするのでだんだんと慣れていくようです．

　イライラして，いっぱいいっぱいになっていたことに気づいたのは，新生活開始から1カ月半ほど経ったときに，近所の道に咲いていた花に目がとまり，きれいだな～と感じたときだったように思います．よく通る道のはずなのに，周りに気を配る余裕なんて全くなく，足元にある自然に気づきもしませんでした．

✻コミュニティの活用

　気持ちが楽になってからは，あちこち一人で出かけるようになりました．出かけた先で仲良くなった人とつきあいが生まれたこともあり，今でも仲良くさせていただいています．

　それでもやはり言葉の壁を強く感じたり，会話をする際に緊張をしたりしてしまうこともありましたので，夫の所属する大学が設けていた家族のためのプログラムや，地域のコミュニティに参加するようにしました．

●滞在先のコミュニティ

　滞在先には，必ず何かしらのコミュニティが存在します．それを調べてみるのはとてもよい手段の1つだと思います．日本人のコミュニティや，語学学校などはもちろん，場合によっては留学しているパートナーが所属している機関で，家族のためのサポートプログラムを設けていることもあります．

● コミュニティ・交流プラットフォーム

　他にも，Meetup（https://www.meetup.com/）というコミュニティ・交流プラットフォームを活用しておりました．例えば，言葉を学びたい，マラソンをしたい，友だちをつくりたい…など，さまざまな目的から立ち上げられたコミュニティがまとめられています．アメリカだけではなく，世界各国でコミュニティが立ち上げられているため，どこに留学したとしても有用だと思います．

　私もいくつかのコミュニティに所属し，共通の目的をもって集まった人たちと勉強したり話しあったりして，多くの友だちができました．

◆　◆　◆

　またたいへんありがたいことに，現地のNPO法人からオファーをいただいて，専門である心理学の知識を生かして活動できる場所に加わらせていただいたり，ボストンで出会った方々とのご縁で始まったお仕事にもいくつか携わらせていただいたりして，いつしか毎日が充実して楽しいものとなっておりました．

✲心も豊かになったボストンでの生活

　ボストンで出会った方々は陽気で明るく，ユーモアに富んでおり，イベントやスポーツ観戦での盛り上がりはものすごく，知らない人でも隣にいればあっという間に仲良くなってしまうような，熱狂的でフレンドリーな国民性もうかがえました．そして，さまざまな人種・境遇の人と共存しておりますが，そういった違いを当たり前に受け止めているという印象を受けました．今ではそちらの文化にすっかりなじんでしまったのか，日本での生活のなかでときどき物足りなさを感じてしまうこともあるほどです．

　日本と比べると良くも悪くも適当さを感じることがありますが，広大で豊かな自然とゆっくりと流れる時間，豪快でユーモアたっぷりのボストンの方々のなかでの生活は，自分の心も豊かにしてくれました．このおかげでアメリカ生活を開放的に楽しめたのだと思います．

3 研究留学に同行するかどうか

　　パートナーの留学に同行するとなると，すでにお仕事をしていらっしゃる方はお仕事を中断，もしくは辞めないといけないかもしれません．もしかしたら，それまで築きあげてきたキャリアを中断すると，復職するときの足かせとなってしまう場合もあると思います．そのため，留学に同行するかどうかを決断することは決して容易なことではありません．この問題についても，夫婦間でよく話し合う必要があると思います．

✴︎単身・夫婦・家族など，パターンはさまざま

　　渡米後に知り合った日本の方のなかには，単身でご留学される方と，夫婦・家族で一緒に暮らしていらっしゃる方がいらっしゃいました．ボストンには多くの日本人がおりましたので，日本人どうしで集まり話をする機会は多かったように思います．そこで自分自身のキャリアについての話題はよくもちあがりましたが，お仕事を辞めることができずに日本に残る方，お仕事を辞めてパートナーの留学に同行される方と，どちらもいらっしゃいます．

　　単身留学にも家族との留学にも，良い面と乗り越えていかなければならない面とがあり，いろいろな方とお話ししていくなかで，同じような不安や悩みを体験していらっしゃる方は少なくないということがわかりました．

　　同行される方のなかには，お仕事を辞めずに有給や育休をとって来られる方も少なからずいらっしゃいます．そして約2～3年ほど留学生活をともにし，専業主婦としてすごす方もいらっしゃれば，資格をとったり学校に入ったりして新たなキャリアを築きあげる方もたくさんいらっしゃいます．また，子どもにとても優しい社会でしたので，妊娠・ご出産をされる方もとても多かったです．

✳日本人どうしの強いつながり

　日本人どうしのつながりはとても強く，お互いに相談をしたり情報を共有したりさせていただくことが多かったように思いますし，それによって本当に支えられたと思います．皆さん異口同音におっしゃるのは，「留学先で出会う日本人は本当に皆いい人」ということですが，私も全くそのとおりだと思います．

　ボストンにはさまざまな専門の研究者の方がいらっしゃいましたし，そのパートナーの方のバックグラウンドも本当に多様で，困ったことがあったときには，必ず力を貸してくださる方がいらっしゃいました．海外で生活をすると，たいへんなときというのは何度もやってくると思いますが，周囲のサポートがあったからこそ乗り越えてくることができたと思います．

✳留学に同行して得られたもの

　夫の留学に同行することで，日本でたどる予定であった道からは確かに外れたと思います．ボストンに来てからも，日本に残っていたらどうなっていただろうと考えることは何度もありました．

　ですが，想像以上に多くの出会いと学びがあり，充実した時間を夫とともに歩むことができたと感じています．たいへんだったからこそ得られたものも多かったと思います．新たな友人や活動の場が得られたことにも，心から感謝をしております．

4 話し合いと納得が大切

　パートナーが単身留学するとしても，パートナーの留学に同行するとしても，やはり2人は運命共同体ですので，お互いに十分に話し合い，納得することが何より大切だと思います．ぜひ，お互いに考えや気持ちを伝え

あって，不安を軽減させ，自分がどうしたいのか，パートナーにどうしてほしいと思っているのか，率直に話し合ってほしいと思います．どんなに小さなことであったとしても，わだかまりを1人心に秘めずに共有したほうが，お互いのためになります．

✳ 迷っていらっしゃる方へ

　境遇はご家庭ごとにそれぞれ異なりますので，簡単に申し上げることはできませんが，もしも，もしも留学に同行するかどうかを迷っている方がいらっしゃったとしたら，思い切って飛び込んでみることをお勧めしたいです．海外での生活は，未知のことばかりで不安なことも多いと思います．ボストンでの生活もときに孤独で，辛くて，本当にたいへんでした．ですが，それ以上に学びや発見が多く楽しく充実していたと，心から言いきることができます．

　慣れ親しんだ日本とは異なる環境のなかで生活することには，多少なりとも不安や困難はつきまといますが，そのときにパートナーが傍にいるということ自体がとても大きな安心感となりえます．一人でも大丈夫と言っていたはずの夫も，もし単身で留学していたらやっていけなかったかもしれないと言うことが何度もありました．これはもしかしたら私が言わせたのかもしれませんが，それでもやはり人間はだれしも一人では生きていけないと思います．誰かがそばにいるということ自体が大きな安心感となりますし，それがパートナーや家族でしたらなおさらと思います．

　ぜひ，このまたとないチャンスを，パートナーと一緒に経験してみることをお勧めしたいと思います．そこでは心を豊かにしてくれる新しい何かがきっと待っていると思います．

So let's take a leap of faith!! :)

私の留学体験記 ⑩　Finding our way

ミシガン滞在記
～家族で日米行ったり来たり

留学先 ● ミシガン大学医学部（アメリカ）
期　間 ● 2011 ～ 2015 年
誰　と ● 家族で

三好知一郎（京都大学大学院生命科学研究科），三好美穂

　本コーナーでは，すでに多くの方がご自身の留学にまつわるさまざまな体験や感じたことを述べられてきたかと思います．今回私たちは，主に家族そろって留学した際の経験を紹介したいと思います．

　私（知一郎）はアメリカミシガン州のアナーバーという都市に4年ほど滞在しておりますが（2015年当時），最初の1年は家族と一緒に過ごし，そして1年半ほどの別居（妻（美穂）の育児休職（以下，育休）が終わり，復職のため帰国）を経た後，再び妻が育休を取得して再渡米，現在に至っております．そのため家族一緒の留学と単身赴任の両方を経験し，両者の長短を知ることになりました．

　いきなり謝辞ではありませんが，最初にいいたいことは家族への感謝の気持ちです．私自身まだアメリカでポスドクをしておりますが，これまで山あり谷ありの苦労の連続で，家族の支えがあったからこそ，なんとか研究を続けることができたと思います．反対に，渡米前から働いていた妻が長期の育児制度を活用して2度も渡米して生活をともにできたことは，家族にとってはプラスでも，妻にとっては今後のキャリアのうえで不安を与えてしまっている，という反省もあります．家族そろっての海外暮らしは，そういったプラスとマイナスの積算でなんとかプ

ラスになれば，と思いますが単純ではありません．帰国後に気づくこともあるでしょう．今後も自分たちなりに今回の経験を考えていくことになると思います．

　後述では，UJA編集部の方からあった質問に答えていく形で本稿を進めたいと思います．

① （夫婦のどちらかが海外留学をしたい場合）家族や配偶者にどうやって切り出したか？ 切り出された側としてどう思ったか？

知一郎（以下，知）　ある日突然「留学することに決めた！」といったわけではありません．妻も研究者でしたし，今後の自分の進路を考えた際に，留学という選択肢は自然に出てきたものです．ただ実際は，アプライしても断られるのくり返しで，なかなか留学先が見つからず，本当に留学できるのか？という状況が続いたので，家族には不安を与えていたと思います．

美穂（以下，美）　私は，夫の留学に同伴したい反面，仕事も継続したかったため，勤務先の会社とも相談して方法を模索していました．結果的には，育休を利用して家族一緒に渡米できました．また私は利用しなかったものの，ちょうどこのころ勤務先で配偶者の海外勤務を理由とした休職制度が新たにできました．今後は，育休以外の方法でも仕事を継続しながら留学に同

伴する方法が増えていくかもしれません．

②（配偶者のどちらかのみが研究者として働き，家族を同伴する場合）家族が海外の転居先で現地になじむためには何が重要か？ 同伴家族としてどんなことが不安だったか？ 準備しておいたらよかったかも，と思ったことは何か？

美　不安だったことは，下手な英語と慣れない土地で，現地の生活に溶け込めるか？でした．実際，渡米直後のはじめのひと月は，私と子どもは夫以外のほぼ誰とも話さずに過ごしてしまいました．これを解決したのは，①車の運転，②どこにでも飛び込む勇気，でした．

大都会ではないアナーバーでは，特に子連れの移動手段として車はとても重要でした．日本ではペーパードライバーでしたが，この免許がずいぶん渡米生活を助けてくれました．

また，英語の上達を待っていては誰とも話すことができず，それを気にせずに思いきって現地のコミュニティに参加してみることで，友だちをつくり楽しく過ごすことができました．私の場合は，海外からの女性向けのボランティア団体や，図書館にて行われていた子ども向けの絵本の読み聞かせ，また図書館や教会で行われていた英語教室にお世話になりました．これらのおかげで，国籍を問わず友だちをつくることができました．

2回目の渡米時では，上の子どものプリスクール（日本の保育園・幼稚園にあたる，有料）や習いごとを通じて，子どもだけでなく親どうしも知り合いになり，お互いを家に招いて週末を過ごす，ということもありました．

知　ラボメンバーには渡米直後から気にかけてもらい，彼らと頻繁にホームパーティーをして家族どうし仲良くなったことも有意義でした．離乳食の本を貸してもらったり，お下がりの服やおもちゃをもらったりと，彼らにはとにかく助けられっぱなしでした．また，アメリカのそこそこ大きい大学や研究所ならば，おそらく日本人コミュニティも存在すると思います．時にはそういった集まりで，心配事や悩みを共有するのもよいかもしれません．

③（配偶者のどちらかが海外留学，単身赴任で家族やもう一方の配偶者は日本に残る場合）家族のつながりを保つために何が大切か？ どんな工夫をしたか？

知　われわれの場合は，家族一緒の渡米と単身赴任を同時に体験しました．妻が復職のため日本に帰国することになり，単身でアナーバーに残ることになりました．やはりスカイプなどのネット通話，これが本当にありがたかったです．上の子どもとは1年半ほど別々に暮らしましたが，この間ほぼ毎日インターネットで話しましたので，子どもにとってそこまでブランクを感じていないと思います．

また，お金はかかりますが，定期的に日本に帰るようにもしました．非常に助かったことは，アメリカ人のボスが単身になった私の身を案じて，日本での学会に連れていき，飛行機代などを工面してくれたことです．家族を一番に考えるアメリカの文化を実感した瞬間でした．

美　別居中は，当時幼かった上の子どもも「パパにスカイプで□□を話す！」と毎日楽しみにしていました．距離は離れていても，生活のなかに「パパ」がちゃんと存在していました．私にとっても定期的に夫と話せるスカイプの時間

は重要でした．夫に向けては，かわいい盛りの子どもの写真や動画を頻繁に送りました．

しかし正直なところ，どれだけ努力をしても，海外別居生活はわが家にとって楽ではありませんでした．この期間を経て，家族が一緒にいることのありがたさを思い知ったことは，留学の1つの収穫かもしれません．

④**（子連れで留学する場合）チャイルドケア・教育にかかる費用・設備・環境，子どもの心理面で起こった問題点**

アメリカではキンダーガーテン（小学校入学前の5歳児が通う幼稚園．無料）およびエレメンタリースクール（小学校．無料）に入る前，すなわちプリスクール代は日本よりもずっと高いです．わが家の場合，子どもに英語を早く習得してもらいたいと週5日，午前午後ともにプリスクールに通わせたところ，月謝は10万円以上かかりました．ご家庭の状況にあわせて週3日に減らす，午前だけにするなどの工夫をしてもよいと思います．設備や環境は，学校にもよりますがおおむね良好だと思います．

上の子はキンダーに通う予定ですが，アナーバーの学校はどこも評判がよく，サイエンスの授業やネットを扱うクラスもあり，教育という面でも期待できると思います．小学校高学年やもっと上のお子さんがいらっしゃるご家庭では，近くの街にある日本人補習校で，帰国後の日本のカリキュラムについていけるように，補完的に授業を受けていらっしゃるようです．

上の子どもは2度目の渡米時からプリスクールに参加しました．最初は不安そうにしていましたが，すぐに英語なんて必要がないといわんばかりに，デタラメ語で話して楽しむようになりました．幼い年齢の子どもどうしでは，言葉よりも先に友だちができるので，特に大きなトラブルもなく溶け込めたようです．今ではたいていの子どもたち，そして先生たちと毎日楽しんでおり，結果的に英語もある程度身についたようです．

ただし，これは親である私たちの責任だと思いますが，日本の保育園できっちり学んでいたルールや礼儀を忘れつつあり，日本語も同学年の子と差がついているのではないかと心配しております．

以上のように，家族にとっては新鮮で驚きに満ちたアメリカ生活であり，それはとてもすばらしい体験だと感じています．あとは私の研究さえうまくいけば，後日振り返ってみて充実した時間だったといえるでしょう．研究留学者にとっては，それが最大の悩みであると思いますが….

単身赴任直後に起こったアクシデント

最後にわが身に起こったちょっとしたアクシデントを紹介します．単身赴任に切り替わった直後に，ラボメンバーであり友人のフランス人が私の身を案じて，一緒にバドミントンをやらないか？と誘ってくれました．無趣味の私にとっては，エンジョイできる何かを探していたところなので，喜んで一緒にサークルに参加したところ，プレー中にアキレス腱を断裂するという憂き目に会いました．しかもその2週間後には，これまで住んでいたファミリー向けアパートから一人暮らし用のアパートへ引っ越す予定だったのです．

どうしよう？と思い，まず大学病院の救急に

電話したところ，救急車で来ないのであればアドバイスは与えられません，というつれない返事．ソーシャルネットワーク経由でこのアクシデントを知った整形外科の方が心配して私に電話をかけてくれたり，ラボメンバーが病院に連れていってくれたりしました．当初，松葉杖をつきながら実験を試みたものの当然無理で，ラボの秘書さんの尽力でニースクーターなるもの（子ども用三輪車に片膝を乗せて動くようなイメージです）を保険の範囲内でレンタルしてもらい，実験が再開できました．他にもラボの同僚や日本人の知り合いにスーパーの買い出しを手伝ってもらい，そして引っ越しの際には，フランス人の友人が中心となり，ほぼすべてのラボメンバーが車と労力を惜しげもなく提供してくれました．おかげで無事（？）単身生活へ切り替えることができました．この件にかかわったすべての方にあらためて感謝を申し上げます．そして誰かがこの状況を見かねたのか，しばらくして第二子を授かり，現在妻が2回目の育休を利用して再渡米するに至りました．

　事件，事故はいつどこで誰の身のうえに起こるかわかりません．海外では，時に日本人どうしが助け合い，あるいは現地の友人たちに支えてもらうことで乗り切れることも多々あると思います．残念ながら今ではもうバドミントンをしていませんが，近日中にヨーロッパで開かれる学会で，母国フランスに帰った友人と再会するのを楽しみにしつつ，本稿を終わりたいと思います．

（掲載 2015/09/17,
http://uja-info.org/findingourway/post/1375/ を一部修正）

留学後期〜終了 編

留学後期～終了 編

第11章
留学後のキャリアを考える

佐々木敦朗

　留学は，あなたのキャリアをドラスティックに飛躍させる要素に満ちています．留学でキャリアを拓く力は，留学から先の不確実性と表裏一体に存在します．留学後のキャリアは，現在留学を考えられている方にも，留学中の方にも共通する，人生をかけた命題です．その不確実性と限られたポジションの数に，多くの方が悩んでいます．そして留学から先こそが，研究に携わった者としての長いキャリアのはじまりです．

　留学後，3年，30年と豊かに生きるために大切なものがあります．留学された諸先輩方は，どのようにそれぞれの命題と向き合い，次のキャリアステージへと進まれたのでしょうか．

　　ここまで，留学があなたの未来を変える可能性，留学のメリット・デメリット，留学への決断に大事なこと，留学先の探し方とオファー獲得方法，そして留学中に意識すべき点について，先輩方のアドバイスとともに情報をシェアしてきました．本章からは，留学を躊躇する方の最も大きな要因である「留学後のキャリアへの不安」と向き合っていきます．不安への最も有効な処方箋は，情報を"知ること"です．

第11章 留学後のキャリアを考える

1 「日本に戻れなくなる」説は本当？

「ポスドク1万人計画」が施行された平成8年（1996年）以降，余剰ポスドク問題はいたるところで指摘されてきました．2013年時点でポストドクターは依然1万人を超え，3人に1人は35歳を超えて高齢化しているといわれています[1]．ポスドク余剰問題は，世界的にも進行しています[2]．

誰もがアカデミアや企業のポストにつけない事実は，あなたを不安にさせるかもしれません．UJAにも「留学すると日本へ戻れなくなるのでは??」という不安の声が届いています．はたして，どのような現状なのでしょうか．

◆ ◆ ◆

UJAの行ったアンケート（図1）では，留学を経験された134名のうち，半年以内の就職活動で約74％の方が，1年では実に約86％の方がポジションを決められています．ポジションのうちわけとして，約36％の方はもとの所属または関連施設で，残り約64％の人は新たな場所でのキャリアを始められています．

図1 ● 留学経験者の留学終了〜留学後の状況
UJAによる「研究留学に関するアンケート2013」より作成

ポスドク余剰問題は解決したのか?! と思うほど，実に興味深いデータです．いろいろな解釈があると思いますが，留学と直結した3点について，一緒にみてみましょう．

＊1. あなたが思う以上に多くのキャリアオプションがある

研究好きが高じてラボにこもるなか，就職活動を経験せず，企業について知らない方も多いと思います．私もその1人で，アカデミア以外は何も知りませんでした．ボストンで，企業の方と知り合うことで，はじめて製薬企業のもつ圧倒的な研究開発力を知りました．

1つの企業がプロジェクトを動かすとき，個々のラボで10年行ってもなしえないこと（化合物探索だけでなく，着目分子の動態や生体での役割解析など）を1年かからず達成します．資金を集中投下し，組織をあげて各チームが連携してゴールへ進むこと，そのゴールは人類を救うことに直結していることを，私はまるで知りませんでした．また勤務時間，給与，保障についても，「えっ,, マジっすか」と身を乗り出して聞いてしまうほど好待遇であることを知りました．

◆ ◆ ◆

ボストンに行くまでは，自分を活かせる場所はアカデミアしかない！ 研究でうまくいかなかったら，釜揚げうどん屋をすると考えていました．しかし，今では**企業やNPOにおいても自分を活かせるポジションがあり，研究に携わり貢献することができる**と考えています．もしかすると，前記の「留学すると日本へ戻れなくなるのでは??」問題は，キャリアの多様性について本当に理解できていないことが原因の1つかもしれません．

●多様なキャリアオプションを知ろう

UJAの活動で，多くの方が，多様なキャリアオプションがあることや，就職活動（就活）のやり方を知らないことが浮き彫りになりました．
UJAでは，日本学術振興会（JSPS）のフェローシップでアメリカ留学さ

れている方を対象に，キャリアセミナーを9回行いました．優秀なJSPS研究員の方でも，日本でのアカデミアおよび企業のポジションへのアプローチのしかた，海外でどのようにすればPIになれるのか，企業へ就職できるのか，ほとんどの方は知りませんでした．

いくら研究業績をあげても，よほど突き抜けていないかぎり，アカデミアや企業から声はかけてくれません．この問題への処方箋は"知ること"です．あなたがキャリアオプションや就活のノウハウを知ることで，選択肢が増え，就職での成功率が高まります．

次章以降では，留学後のジョブハントについて，国内でのアカデミアポジション獲得術（第12章），海外でのアカデミアポジション獲得術（第13章），そして企業就職術（第14章）に関する情報をシェアします．UJAのウェブサイトでも，さまざまな先輩たちの活きた体験談を知ることができます（「Finding Our Way - 留学体験記 -」http://uja-info.org/findingourway/）．

2. 国際的環境で働けるという武器

●異国で研究生活を送る効能

2012年ノーベル生理学・医学賞を受賞された山中伸弥教授は，日経ビジネス誌のインタビューで「日本人の技術者は，まちがいなく世界一です．器用さ，勤勉さ，創意工夫，チームで取り組む力など，研究者として重要な素養を備えている．現在は米国にも研究室を構えているのですが，日本人はすばらしいと痛感しています」とおっしゃっています．私が在籍したカリフォルニア大学サンディエゴ校，ハーバード大学，シンシナティ大学においても，日本人ポスドクの研究能力への評価は非常に高く，嬉しくなるほどです．

隠れた留学の効用の1つは，"異国で研究生活ができた"という体験を得ることです．仮にあなたが日本での就活では合格ラインに入れなくても，優秀な研究者を求める世界のジョブマーケットではトップ候補になるかもし

れません．実際に，研究留学を経て，海外でアカデミアや企業へのキャリアパスを進まれる方はたくさんおられます．私の4人の友人は，日本に帰国してから，再び海外でのキャリアを進まれています．国際的環境で研究してきた経験は，世界のどこにでもポジションを見つけられる武器になるということです．

● **セイフティーネットが得られる**

国際化が国をあげて行われるなか，同じ能力や実績であれば，留学経験が就職に有利にはたらくことは必然的に多くなると予想されます．企業においても，グローバルな場で仕事ができ，かつ英語でばっちり話ができる人材は，国をまたぐプロジェクトには欠かせません．海外留学経験はキャリアの選択肢を増やすセイフティーネットになります．

3. 留学がキャリアアップにもたらす"強さ"

諸先輩方の留学体験記の共通項を，私なりに集約すると次の声が聞こえてきます．

- 「生活や研究の立ち上げは，ぶちたいへんじゃった」
- 「積極的に自分で動かなアカンで！」
- 「人と人の絆がほんまに大事なんじゃ」

言葉が通じず，衣食住も異なるなかでの暮らしは，生存を脅かすようなストレスと感じることがあります．実は，**こうした負荷はあなたの成長を促す機会となります**．留学での一連の洗礼と困難のなかで，ジョブハントに通じる次の3つの力が高まります．

❶ 積極性

自分で動かなければどうにもならないケースが多く，面識がない人にも臆さず連絡したり，助けを求めたりできるようになります．

❷ 柔軟性

留学中は別のオプションを考えざるをえないことも多々．目的や手段を

変更して対応する力が身につきます．

❸ タフネス

特に最初はうまくいかないことだらけ．不本意な誤解や批判を受けることも結構あります．クヨクヨしなくなってきます．

◆ ◆ ◆

怖れず面識のない方にもコンタクトすることで，新たなつながりときっかけが生まれます．人からうまく助けてもらえるようになれば，業界情報や公開前の情報を回してもらえたり，紹介してもらうこともできます．そのなかで新たなオプションをとるケースもよくあります．うまくいかなくても，批判的反応より，建設的な行動で次のステップに進めるようになります．

このように，周囲からサポートとフィードバックをもらいつつ，めげずにトライすることで，多くの方々がポジションを得られています．留学で出会う困難はあなたを強くします．

2 留学後も未来へ羽ばたくために

✳ 独立した研究者になろう

> 独立に二様の別あり、一は有形なり、一は無形なり。
> ——福沢諭吉「学問のすゝめ」（岩波文庫）十六編より

[現代語訳] そもそも独立には二つの種類がある。一つは物質的独立であり、他の一つは精神的独立である。　　　　　　　　　　（岩波現代文庫）

留学は，プロフェッショナルとなるための1つの修行期間です．私たち

は語学・業績・ポジションなどを留学での具体的目標とします．その目標の根底にあるのは**"独立した研究者／個人"となること**だと私は思います．ここでの独立とは，自分の力量で生計を立てること，そしてプロフェッショナルな自覚をもつことです．

　研究者の独立というと，ラボ主宰者あるいはベンチャー企業の社長をイメージしますが，じつは独立は職種や職位には依存しません．むしろ，あなたの経験，そして精神によるところが大きくなります．

　ここに，留学を通じて修養した"異国で生きる"体験は大きな力になります．空恐ろしかった海外での研究や，雲の上の存在だったトップ研究者も，実際にみてみると怖くなくなるものです．むしろ親しみを感じることでしょう．自分はどこでも仕事ができる，誰とでも話ができる．この経験と精神は，あなたが独立した研究者・個人である自覚を促します．

　私たちは，等しくサイエンスのもとに学び，サイエンスのさらなる発展に貢献している仲間です．独立を"自覚"することで，福沢諭吉先生の次の言葉は，あなたにとり新たな意味を帯び，大きく勇気づけることでしょう．

> 天は人の上に人を造らず人の下に人を造らずと言えり．
> 　　　　　　　　　　　　　　　　　　—同、初編より

✸国際的研究者として日本と世界の力へ

　福沢諭吉先生は，学問の徒である私たちへ，独立には，個人の生計レベルだけでなく，日本の独立へも力を尽くすことが大事と次の一節に記されています．

今の学者何を目的として学問に従事するや。不羈独立の大義を求むると言い、自主自由の権義を恢復すると言うに非ずや。既に自由独立と言うときは、その字義の中に自ずからまた義務の考えなかるべからず。独立とは一軒の家に住居して他人へ衣食を仰がずとの義のみに非ず。こはただ内の義務なり。なお一歩を進めて外の義務を論ずれば、日本国に居て日本人たるの名を恥しめず、国中の人と共に力を尽し、この日本国をして自由独立の地位を得せしめ、始めて内外の義務を終えたりと言うべし。故に一軒の家に居て僅に衣食する者は、これを一家独立の主人と言うべし、未だ独立の日本人と言うべからず。

——同、十編より

[現代語訳] そもそも今の学生は、どんな目的で学問をしているのであろうか。自由独立の精神を求めるためといい、自主自由の権利を回復するためというではないか。自由独立と言う場合は、その意味の中に当然義務という観念も含まれねばならぬ。独立とは、単に一軒の家を構え、他人の世話にならぬという意味だけではない。それはただ家庭人としての義務を果たしたにすぎない。もう一歩進んで、社会人としての義務についていえば、日本国にあって日本人たる名誉を失わず、同胞と一致協力して、日本国全体の自由独立を全うしてこそ、公私両面の義務を遂行したものといえるのである。一軒の家を構えて、食うに困らぬというだけでは、独立の一家の主人といえるばかりで、まだ日本の独立を担う国民とはいえぬであろう。

（岩波現代文庫）

海外から日本を俯瞰したとき、日本のよさだけでなく、世界における日本の脆さもみえてきます。アメリカの一挙手一投足を報道する日本と対象

的に，アメリカのメディアは日本の動向を悲しくなるほど報道していません．また，語学やコミュニケーションにおける日本人の弱さを目の当たりにしたとき，私は日本の外交や，サイエンスにおける世界でのプレゼンスがたいへん心配になりました．

私は留学することで，日本を心配する気持ちをもつようになりました．UJAの会合において，全米各地のコミュニティーの方と話しても，同じように日本のことを真剣に考えておられることを知りました．いま留学をめざしている方，現在留学中の方，そして日本への思いからUJAは生まれました（第0章コラム参照）．

●留学経験者が日本に貢献できること

UJAのアンケートでは，留学経験者が日本に貢献できることとして，回答の多かったものから順に「研究・教育の国際化」（約77％），「制度や組織の設計・改革」（約72％），「海外とのコネクション」（約68％）があげられています．

上位2つの項目は，留学前には思いもしないことでしょう．ちなみに「最先端の研究の展開への貢献」は4番目（約46％）でした．日本への意識が高まることは，福沢諭吉先生の私たち学徒へ期する独立への原動力となります．

3 独立の日本人たれ

✻幸福度の低い日本人

国連の調査によると，日本人の主観的幸福度は先進国のなかで最下位グループです[3)]．そして日本の内閣府の調査において，年齢とともに幸福度が低くなる結果が得られています．アメリカにおいては年齢とともに幸福度が高まる結果です[4)]．いろいろなファクターがあると思いますが，主観

第11章 留学後のキャリアを考える

的な幸福度はあなたしだいで大きく高めることができます．

✱独立と貢献によって心豊かな生活を

内閣府の調査では，無償の社会奉仕（ボランティア）や支えあう活動は幸福度を高める，という結果が出ています．国のための活動も同じでしょう．個人レベルでもNPOなどでの活動など，貢献にはいろいろなあり方があると思います．

米国のアカデミアにおいて，助教授から准教授へ，准教授から教授への昇進の際，地域，国，そして世界へ貢献しているかが評価されます．日本においても，こうしたサイエンス以外の"課外"活動への評価は高まると私は思います．独立と貢献に意識をおくことで，あなたはより豊かで幸福なベクトルへ進むことができます[※]．

いろいろな貢献活動がありますが，私たちUJAもその1つです．もしUJAの活動にご興味をもたれたら，どうぞお気軽に佐々木（atsuosasakiuja@gmail.com）またはUJA編集部メンバー（findingourway@uja-info.org）にお知らせください．

4 時を超えつながり拓くより豊かな未来へ

✱和と輪をもって助け合う

私たち人類の文化に，自助努力の精神があります．この精神により，一人ひとりが勤勉に工夫をこらしています．しかし自助努力だけでは，私たちの遠い祖先はアフリカ大陸を出ることも，現在まで生き残ることもできなかったでしょう．私たちは，和と輪を大切にし，互いに助け合う精神を

※ ただし，本業あってのことですから，燃え尽き症候群にならないように，無理なく楽しんで取り組むとよいと思います．

根幹に歩んできました．

　幕末，揺れる日本を支え占領から回避し独立へ導いた先達のなかには，渡航の経験もない方も多々おられます．海外の見聞をシェアしあうことで，たとえ留学しなくても，私たちは国際的研究者として大事なことを見極め，行動することができます．大事なのは，知ること，そして伝えあうことです．

　福沢諭吉先生は，私たちが得た知恵を広く人々へ伝えることの大切さを，くり返し「学問のすゝめ」で述べられています．この"和輪互助"の精神により，世界はより豊かに平和になる，と次のように述べられています．

> …人智愈々開くれば交際愈々広く，交際愈々広ければ人情愈々和らぎ，万国公法の説に権を得て，戦争を起すこと軽率ならず，経済の議論盛んにして政治商売の風を一変し，学校の制度，著書の体裁，政府の商議，議院の政談，愈々改むれば愈々高く，その至るところの極を期すべからず。
>
> 　　　　　　　　　　　　　　　　　　　　　　　　　　　—同、九編より

[現代語訳]…知識の開明につれて、社会生活の範囲もだんだん広くなった。社会生活が広くなれば、人情も自然に平和を愛する風が高まってくる。国際公法の理論が権威を持つにつれ、昔のように軽々しく戦争を起こせる機会は減ってきた。経済の議論はますます盛んとなり、政治や商業のすがたも旧態を一変してしまった。その他、学校の制度も、書物の体裁も、政府の会議も、議会の弁論も、すべて改善に改善を重ね、そのとどまるところを知らない。

　　　　　　　　　　　　　　　　　　　　　　　　　　（岩波現代文庫）

✱新たな発見を未来へつなぐ

　私たちは，先人が伝えてくださった英知と文化のもと，温かな部屋で，おいしいご飯を食べ，スポーツを楽しみ，教育と医療の恩恵を享受しています．この気づきと感謝は，次の言葉を，共感し深く受けとることができます．

> …その進歩をなせし所以(ゆえん)の本(もと)を尋ぬれば，皆これ古人の遺物，先進の賜(たまもの)なり。(中略)…我輩の職務は、今日この世に居り我輩の生々(せいせい)したる痕跡を遺(のこ)して、遠くこれを後世子孫に伝うるの一事に在り。その任また重しと言うべし。
>
> ―同、九編より

　[現代語訳] こうした進歩の根源を求めれば、これまた諸先覚の遺産であり、先輩たちのおかげにほかならない。(中略)…われわれの任務は、今日この世に生きるかぎり、わが活動の足跡をはっきり大地に刻みつけて、これをながく子孫に残すことにほかならぬ。そう考えると、われわれの任務は、並大抵(たいてい)のことではない。　　　　　(岩波現代文庫)

　学徒としての私たちの喜びと使命は，新たな発見を世界の人々に伝え共感・共有すること，そして未来へ伝え人類へ貢献することにあります．伝えることで，つながりが生まれます．今，あなたと私がつながっているように，あなたはたくさんのつながりをこの世界で結ぶことができます．福沢諭吉先生の心を感じたように，あなたは時を超えて仲間とつながっていけます．そして世界を包む無数の線を描くことができます．私たちの体験したこと，そこからの学びは未来へと生きていきます．

　日本を切り拓いた偉大な先輩たち．今をともにしている友人・同僚・先

Gathering of Japanese researchers in The U.S.（2015年10月，ワシントンDCにて）

輩の方々．これから生まれる未来の仲間たち．私たちはつながり，明日への一歩を歩んでいけます．

So let's live together!

◆ 文献

1)「ポストドクター等の雇用・進路に関する調査—大学・公約研究機関への全数調査（2012年度実績）」，文部科学省
2)「The PHD Factory」，Nature, 472 : 276-279, 2011
3)「World Happiness Report 2015」，UN Sustainable Development Solutions Network
4)「平成20年版 国民生活白書」，内閣府

第11章　留学後のキャリアを考える

逆境をチャンスに変える　　　　　　　　　　　　　　　　佐々木敦朗

　古来，苦労は買ってでもするよう励行されています．逆境を次のステップのバネとされた研究者は，古今，枚挙にいとまがありません．言葉，生活，研究，論文執筆，家庭などにおいてさまざまな逆境があります．留学において，逆境遭遇率は，日本よりもかなり高いように思います．逆境をバネにして飛躍された方をみていると，次のような特徴があります．

①コンストラクティブに対応されている

　ケンカでなく話し合い．問題点の改善に向けた行動．周囲への愚痴でなく，周囲からの助けを受けている．自分で解決しにくい問題でも，周囲の力を借りることで解決することがよくあります．また，応援してくれる仲間の存在は，心の大きな助けになります．

②感情はさておいて，状況の客観的分析をしている

　感情の切り離しは難しく，また自分の解釈と他の人の解釈はよく異なります．信頼できる方の意見をいくつか聞くことをお勧めします．

③決意と楽観性

　逃げずに立ち向かう．決意は，大きな力となり，みえなかった解決策へとつながっていくことがよくあります．決意するには，「まあ，なんとかなる」，「死にはしない」など，ある程度の楽観性が助けになります．

私の留学体験記 ⑪

君のがんばりは僕らの励み

留学先 ● シカゴ大学（アメリカ）
期　間 ● 1991～1993年
誰　と ● 妻

五十嵐和彦（東北大学大学院医学系研究科）

　学者をめざす若者が留学後のキャリアを築いていくうえでのアドバイスは何か？　私の留学（1991～1993年，米国シカゴ大学博士研究員）は20年以上前のことなので，帰国後の大学事情も現在とはだいぶ違っています．簡単に答えることはできない問題ですが，私の経験と見聞きしたことのなかから，いくつかポイントらしきものを，研究テーマの設定や人脈づくり，そして自省法を中心に紹介したいと思います．学問と誠実に向き合うことを前提に．

独立へ向けて研究テーマを育てる

　海外留学を経て国内ですぐに独立できるのはまだ少数で，多くの皆さんは助教からアカデミックキャリアを始めると思われます．参加した研究室のテーマの発展に貢献しながらどうやって自分のテーマを確立していくのか，そのバランスは普遍的な悩みといえます．

　私の場合も，帰国して東北大学の助手（林 典夫教授，当時）になって研究を続けるなかで最も悩み努力したのは，自分の研究テーマをどうつくっていくのか，ということでした．私自身は大学院では石浜 明先生のもとで大腸菌RNAポリメラーゼ，留学ではBernard Roizman先生の指導のもとにヘルペスウイルス転写制御に取り組み，2つのラボでシステムの全体像をめざした研究（今風に表現すれば制御ネットワーク）を学び，それを自分の方向性と定め，東北大学では赤血球関係の遺伝子発現に取り組むことになりました．学部生時代から林先生の赤芽球ヘム合成系酵素の研究をお手伝いし，細胞特異的な遺伝子発現には大きな関心をもっていましたので，講師だった山本雅之博士の指導のもとにグロビンエンハンサーの作用因子に関する研究を始め，それなりの成果を出して数年，ふと立ち止まって考えると，自分のテーマは何か，よくわからない状況でした．

　振り返ると大きな転機だったと思われるのは，当時大学院生とともに発見して解析していたグロビンエンハンサー結合転写因子のリコンビナントタンパク質が茶色い，という小さな知見でした．院生と不思議に思いながら，論文にもできないながらも少しずつ実験を続けるなかで，これがヘムによる転写因子の制御という，独自性の高い研究テーマに育ってきました．このテーマは現在でも私たちの研究の柱です．他人と同じような研究にどうやって一工夫を入れるのか，組み合わせのよいスパイスをどうやって見つけるのか，そういったことを常に考えながら，さまざまなアイデアを検討して有望な可能性については地道に追求することが大事な点と思っています．流行に流されることなく自分らのデータや経験から生まれるアイデアを最大限に活用する，ということでしょうか．

　ただし，目先のデータにしばられすぎると研究の発展性が損なわれる場合もあります．成果

の80％は費やす努力の20％で得られる，ということはさまざまなところでいわれることですが，自分のデータや経験だけで研究を進めると，多大な努力にもかかわらず限定的な進展しか得られない袋小路，ということはしばしば起きます．

私が対象としている遺伝子発現の研究は，この点で1つ利点があります．1つの因子をとりあげて研究すると，その因子が予想外な機能を有していることがしばしば明らかになります．このようなときは，異分野に挑戦する機会かもしれません．その際，単なる横滑りにならないように気をつけながら，新しい機能を掘り下げることで，他所の領域で重要な発見を比較的短期間に行うことができ，それがさらに新しい視点となり，当初目的としていた生命現象の理解が格段に進むことがあります．自分の周辺の領域にも関心をもち，自分のタコ壺からときどき顔を出して研究を他の領域につなげる努力も，折々に大事になると感じています．

人脈を広げる

研究会や学会などを通じて，仲間を増やすことも重要です．ラボの外に仲間をもつことで，他所の研究に関する雑談や懇談のなかから新しいアイデアが生まれ，共同研究が始まり，さらには研究費申請などの分担協力なども自然と始まるでしょう．君のがんばりは僕らの励み，何事にも同好の士はあらまほしきものなれ，です．このような活動を通じてラボの外にメンターを見つけ，慕うことができれば理想的で，人生の折々に相談に乗ってもらえることでしょう．

そのためには，研究会などの質疑で質問には丁寧に答える，適当にはぐらかさない，あわせて，他の人の発表に対してその研究をさらに発展させるという観点から質問する，などなど，誠実に接して人のネットワークを広げていくことが大事でしょうし，これ自体が学問の醍醐味です．

自分を省みる

アメリカでジュニアファカルティーに採用されると，メンターとして複数のシニアがつき，1年に数回面談をして，「学術」，「教育」，「サービス（グラント審査など）」の観点からさまざまなアドバイスやフィードバックを受けることになります．このときの資料として，ジュニアは履歴書（CV）と上の3項目などに関する自己評価をエッセイにまとめ，提出するところも多いようです．

CVには，論文リストだけではなく，講義や実習の担当状況，論文審査や学会活動などの情報，各種委員会活動などをまとめるとのことです．日本でも若手研究者に対してメンターをつける大学が増えていますが，体系立った指導はまだこれからと思われます．ですが，CVやエッセイのような資料を自己評価のために作成し，これを使って随時自分の活動状況を振り返ることはキャリア形成に役に立つと思われます．アメリカで教授をしている私の友人（日本人）は，Assistant Professorのときから情報満載の自分用CVをつくってきたそうです．私もこのアイデアを研究室にとり入れようと考えています．福沢諭吉が「学問のすゝめ」でいうところの「智徳事業の棚卸し」，です．

諭吉翁に学ぶ

福沢諭吉は「学問のすゝめ」で，今日の学者にも重要と思われるさまざまな助言を遺してい

ます．例えば，（研究）計画については，「過ぐる十年の間には何を損し何を益したるや，現今は何らの商売をなしてその繁盛の有様は如何（いかが）なるや，今は何品を仕入れて何れの時何れの処に売捌く積（いず）りなるや，…（中略）…来年も同様の商売にて慥（たし）かなる見込みあるべきや，…（中略）…一身の有様を明らかにして後日の方向を立つるものは智徳事業の棚卸しなり．」と述べています．

また，学者の交流について，「顔色容貌の活溌愉快なるは…（中略）…人間交際において最も大切なるものなり．」「恐れ憚（はばか）るところなく，心事を丸出しにして颯々（さっさ）と応接すべし．故に交わりを広くするの要は…（中略）…多芸多能一色に偏せず，様々の方向に由（よ）って人に接するに在り．」（以上，岩波文庫より引用）とも述べています．

今も昔も，学者の悩みとその処方は同様なのかもしれません．

これから留学する皆さんへ

留学は，学位を取得した研究室と新しい研究室の特徴を組み合わせて自分の流儀を確立していく絶好の機会です．独創性は掛け算であると喝破した方がいましたが，この掛け算の要素を増やすこともできます．さらに，国際的なネットワークへ参入していくきっかけにもなります．医学が大きな進歩を遂げつつある今の時代に参加して，ご活躍ください．

標題の言葉「君のがんばりは僕らの励み」は，留学に際して大学院時代の恩師の一人，永田恭介先生からいただいたものです．

（連載 2015/11/19,
http://uja-info.org/findingourway/post/1485/ を一部修正）

留学後期～終了 編

第12章
留学後のジョブハント①
~アカデミアポジション獲得術＜国内編＞

坂本直也，中川　草，本間耕平，今井祐記

　研究者にとっての「留学」は，プロフェッショナルになるための修行期間です．留学前，留学中に荒波にもまれ，「プロの研究者」として腰を据えて仕事をする場を選ぶ過程が「留学後のキャリア選択」です．

　本章では「日本のアカデミア」のポジションを獲得するうえで重要なポイントを紹介していきます．前章ではキャリアオプションや就職活動のノウハウを「知ること」の重要性をお話しさせてもらいましたが，日本のアカデミアならではの「暗黙のルール」が確実に存在します．実際にアプライする側，採用経験者側の視点から，先輩方の経験も織りまぜながら，日本のアカデミアのポジション獲得をめざすうえで「知っておくべきこと」を紹介していきたいと思います．

 ## 1 やっぱり日本に帰りたい？

　留学して数年たち，次のポジションを視野に入れて考えはじめる頃，私たちは，どのような活動をすればよいでしょうか？

✳留学前の希望は？

　ちょっとそれを考える前に，記憶をさかのぼって留学前の自分に戻って

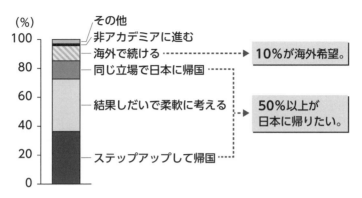

図1 ● 留学開始前の将来の展望（留学中326人に占める割合）
UJAによる「留学生・留学希望者を対象とした大規模アンケート2013」より作成

みましょう．UJA「留学生・留学希望者を対象とした大規模アンケート2013」（図1）によると，なんと**50％以上の人が海外に出る前から日本に帰りたいと考えています**．逆に，海外で研究を続けるつもりでいる人は10％にすぎません．

絶対的な海外留学推進派（？）の人は，「はじめからしりごみしている状態じゃないか！」と嘆くかもしれませんが，ある意味でこれは当然のような気もします．だって，家族や友人はたくさん日本にいるし，ご飯はおいしいし，治安はよいし，交通機関が時間どおりに来るし，etc…．今まで住み慣れた国は人生を過ごしやすいに決まっています．

✱帰る場所がある幸せ

その一方で，例えばアメリカに来る外国の研究者に話を聞くと，「アメリカで研究を続けたい」という人がとても多いことに気づきます．

「ほら，積極性が違うよ！」という嘆きの声も聞こえそうですが，彼らの国には，戻ることができる（戻りたいと思う）ポジションが少ないということも考慮に入れないといけないと思います．その意味で，祖国に帰る場

所が一定程度用意されていること（第11章1「日本に戻れなくなる」説は本当？参照）は，研究者にとって，とても幸せなことです．

そして，日本国としても，日本でせっかく育てた優秀な研究者が海外に行ったままでなく，「いつかは日本に戻ってきたい」と思ってくれることは，「頭脳流出」でなく，「頭脳循環」になるため，とても喜ばしいことだと思います．日本の科学技術力を保つためにも，頭脳循環システムを保つことは重要だと思います．

2 ネットワーク（コネ）は結局大事

では，これから日本に帰ろうと思っている研究者は，実際にはどのような活動をすればよいでしょうか？ これは過去の前例を調べてみると明らかです．

✻日本の知り合いと連絡をとりつづけよう

UJA「留学生・留学希望者を対象とした大規模アンケート2013」（図2）によると，**約60％が知り合いのつてで帰国している**ことがわかります．要するにコネですね．つまり，留学中であっても，日本にいたときのラボの恩師，同僚とちゃんと良好な関係を保ち（例えば，年に1回くらいは）連絡をとりつづけることは，重要になってきます．

✻学会も顔を売るチャンス

前のラボによい思い出がない，ケンカ別れした，などの場合は，**学会などを積極的に活用**しましょう．国際学会では，思わぬ大御所と比較的フランクにお話しできる可能性もあります（第3章2参照）．また，いくつかの日本国内の学会では，海外の研究者を招聘する企画がある場合がありますの

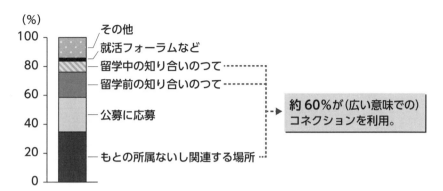

図2●帰国先の見つけ方（留学経験者134人に占める割合）
UJAによるUJA「留学生・留学希望者を対象とした大規模アンケート2013」より作成

で（日本分子生物学会の海外若手研究者招聘企画など），応募してみるのもよいでしょう．

そろそろ帰国を考えたいと思うときには，日本国内のいろいろなところでプレゼンや質問などを積極的に行い，自分をアピールすることで顔をしっかり売っておくのは大事だと思います．

✻たくさんのネットワークは強みになる

何といってもネットワークをたくさんもっていることは強みです．採用者に「アイツの研究（できれば人柄も）を知っている」と思ってもらえれば採用してもらえる可能性は高まるし，他の求人があったときに紹介者になってくれることもあるでしょう．

それでは次に，採用者側からの視点で考えてみることにしましょう．

3 採用者側からみた，国内アカデミックジョブハントの重要なポイント

日本におけるアカデミックポジションをとりまく状況は，時代に応じてさまざまに変遷しますので，常に情報をアップデートする必要があります．

✳ 国公立大学では厳しい状況が続く

国公立大学に限定される内容かもしれませんが，これから10年単位でのしばらくの間，国立大学の大小（活動度の高低）を問わず，アカデミックポジションを獲得することはさらに困難を極めることが考えられます．

その理由は，人件費削減（＋人事院勧告に伴う給与の上昇）によって，新たなポジションを設定し大学教員を募ることが難しくなってきているからです．

✳ 採用側は「知っている人」に来てほしい

そのような状況でも，何とかして新規採用を募る場合，このポストは，公募する側にとってきわめて重要なポストとなることを理解しておく必要があります．つまり，採用する側からすると，"良い人"に来てほしいのです！！！

"良い人"の定義は採用者によってまちまちですが，「バリバリ研究できる人」，「古いものにこだわらず新しい技術・概念を導入できる人」，「周りの研究者と協調してものごとを進めることができる人」，「学生教育にも熱心で面倒見のいい人」などでしょうか．背反しないすべての要素を備えている人が"最も良い人"になろうかと思いますが，そのようなスーパーパーソンはなかなか見つけることはできません．そのため，採用者側は，

① よく知っている人
② 知人が知っている人

③知っている人
④少しは知っている人

を採用することが，この非常に貴重なポストを最大限活用できる方法と考えることが多いのです．

✲採用側に「知られている人」になるために

それでは，採用者側が「知っている人」＝「知られている人」になるためには，どのようにすればよいのでしょうか．能動的な取り組みとしては，前述のように，

- 出身ラボ時代の教官などの人脈を活かしてアプローチする．
- 国内外を問わず学会発表などで活発な討論を行う．
- ポスター発表で密に議論をする．

などがあげられます．

また，人材募集があるかないかにかかわらず，積極的にコンタクトをとれれば効果的でしょう．

✲出来レースに注意！

ただし，このような背景のもとで公募が行われた場合，「知っている人」が採用予定者にほぼ決まっているものの，大学のルール上，公募をしなければならない，いわゆる「出来レース」になっている場合があることにも十分注意しなければなりません（公募によらない選考もありますので，公募を行う時点で応募者が公募要件を満たしていれば，平等のはずですが…）．

海外にいながら国内にアカデミックポジションを求めている研究者にとって，「出来レース」への参加（申請）は，時間と精神力，金銭（面接のための帰国費用などは自費が基本）のムダ遣いになってしまいます（本章コラム「出来レース公募にご用心」参照）．これを重々承知していた方が全くの白紙からガチンコ公募を行おうとした際に，教授会で真っ向から反対し，「出来レー

スという私が行ってきたすばらしい方法を否定するのか！」などと憤った方もいらっしゃいます（笑）．

＊多様なコネクションを形成しよう

その一方で，ガチンコ公募の場合は，非常に貴重なポストですから，公募期間中，書類選考から面接を経るまでの期間に，個別に応募者の情報を収集する（前述の「知っている人」＝「知られている人」になれるか？）ことが採用者側にとっては重要です．明らかに研究業績があるのに，誰に聞いても「あまり知らない」とか「コミュニケーション不足」といった情報が入ると，回避される可能性も否定はできません．

万人が同じ評価をするとは考えられませんし，意図的によくいわない人もいるかもしれませんが，**常日頃から，国内外を問わず多くの人とコミュニケーションをはかる**ことが，自分の研究の推進にも重要なように，アカデミックポジションを獲得するためにも非常に重要な点であることはまちがいないでしょう．

"コネ"は，あまりよくない響きですが，積極的なコミュニケーションによってネットワークを形成し，多様なコネクションを形成することは，さまざまな場面で非常に大切なのです．

4 留学後にもとの所属に戻る場合

このケースは，医師で研究留学を志す方に多いパターンだと思います．

一昔前は大学院でがんばった「ごほうび」として留学させてもらい，数年間のんびり羽を伸ばし，箔をつけて凱旋帰国する，という話もよく聞かれたようです．

✻留学先でのんびり…してもよい？

　留学前，教授は「特に業績などにこだわらなくてよい．海外での仕事を経験することが大事」と言うかもしれません．そうはいっても，帰国後，研究室のメンバーは，留学帰りのあなたに期待に満ちた熱い視線を向けてくることはほぼまちがいなしです．加えて，近年，国公立大学を中心に教育・研究活動の国際化を教員・職員に求める動きは高まり，運営交付金の減少に端を発して，間接経費で運営資金を得るために，教員の対外資金の獲得への要求もこれまで以上に高まっています．

　「帰ったら臨床のブランクを取り戻そう！」と意気込んでも，以前にも増して周囲が許してくれない状況が発生しやすいということを念頭に入れて，留学生活を送る必要があるでしょう．

　それでは具体的にどんなことに気をつけたらよいか，実際にみていきましょう．

●母教室の研究内容をフォローしておく

　帰国後は，まずまちがいなく指導側として研究に携わります．教授，教室のメンバーと定期的に連絡をとり，研究の方向性を確認するなかで，自分のテーマとすりあわせた研究プランを立てておくと，母教室側・戻る本人の双方にとってよいでしょう．

●(特にアカデミックな) 英語のスキルアップを心がける

　研究室のメンバーが海外学会で発表する際の抄録，発表原稿のチェックは，高い確率で回ってきます．自身のキャリアのためはいうまでもなく，恥をかかないためにも自己研鑽は重要です．

●最先端・流行の研究の情報を積極的に収集する

　日本では手が出せない最先端の技術も，留学先では当たり前のように行われているということが多々あります．その情報を積極的に入手しておくことが，自身や研究室のメンバーの先々の研究に生きてくることでしょう．

✱留学で得た知識を還元しよう

> …愛国の意あらん者は、官私を問わず先ず自己の独立を謀り、余力あらば他人の独立を助け成すべし。
>
> ──福沢諭吉「学問のすゝめ」(岩波文庫) 三編より

[現代語訳] 愛国の精神ある者は、官史たると民間人たるとを問わず、まず自分一身の独立をはかり、余力があれば、自分以外の人をも独立に導くべきだ。　　　　　　　　　　　　　　　　　　（岩波現代文庫）

留学を終えて日本のもとの所属に戻るあなたに求められているのは，まずは自身の「独立」．加えて，留学で得た知識・経験を後進の独立に役立てることです．それが所属研究室，ひいては日本のサイエンス領域のプレゼンス向上につながっていきます．

◆　◆　◆

日本のアカデミアは，教育・研究・資金面も含め，抜本的な体制の変革を求められる激動の時期にさしかかっています．日本の政府機関は欧米の研究・教育機関をモデルケースとして，海外の研究者を積極的に受け入れる体制を推進しています．その一方で，フェアな競争が行われないようなしくみも依然として残っています．

今後，海外留学経験者が多く帰国することによって，その人たちの視点がマジョリティになれば，日本のシステムも修正されていくと思われます．日本のアカデミアは皆さんの力を求めているのです！

So let's boost Japanese academia up together!

第12章 留学後のジョブハント①

日本で大学助教ポジションについたあるケース　　　　A氏（匿名）

　留学中は日本に帰国するためのジョブハント，例えば公募情報に応募するなどは全くしていなかった．日本まで面接を受けに行く労力・時間・お金を考えると，少しでも研究を進めたいと考えていたからだ．しかし，留学先のボスと一緒に執筆したNIHの研究費が不採択となり，現在の所属先で研究を続けることが難しくなったため，異動について考えなくてはいけなくなった．

　そういった矢先に，留学先の地域で開催されていた学会で出会った日本人研究者から，近日中に異動することとなっているので，そちらの助教のポジションを検討してみないかとの話をもらい，それが帰国するきっかけとなった．そのポジションは一般公募ではなく，採用に関して面接や書類審査などはあったものの，ほとんど形式だけであったという印象だった．

ジョブハントに成功した理由

　こういった形でのジョブハントについて，自分は運がよかったと思っていたが，現在考え直してみるといくつかの要素が関係していた．

　一つは，この日本人研究者とは直接知り合いではなかったものの，何年か前にその方が主催していた研究集会で発表していたことである．このおかげで私の研究をある程度知っていて，学会で声をかけてくれたのだろう．

　もう一つは，私の留学先（ボストン）が，学術面でアクティブな地域であったことだ．ボストンでは毎日のようにどこかで学会や研究会が開催されている．多くの日本人研究者もそれらに訪れるため，現地では日本人研究者のネットワークを広げることもできた．ありきたりな結論であるが，こういった"ネットワーク"がジョブハントには重要なのだろうと考える．

出来レース公募にご用心

B氏（匿名）

　留学してから3カ月後，急に昔所属していたところのボスから1通のメールが転送されてきた．ある大学の准教授の公募の情報である．

　当時学位をとったばかり，しかも留学したばかりの私にはまだ早いと思ったが，昔のボスからのメールだったし，もしかしたら候補者がいなくてどうしても探しているのではないかと思い，先方の事務にコンタクトしたところ，すでに締め切りは過ぎているのだがなるべく早めに必要書類を提出してくれとのことで，慌てて自分の履歴や業績などを指定された書式にまとめて事務に提出した．年末にもかかわらず，すぐに返事があり，ぜひジョブトークセミナーをしに来てしてほしいとの連絡だった．

自費の帰国準備，そしてセミナーへの備え

　指定されたセミナーの日程はおよそ2週間後であった．旅費のサポートはないので，すべて自前で帰国のためのチケットと宿泊のためのホテルを慌てて押さえた．

　急なセミナーの予定が入ってしまったため，留学先での研究を一時中断し，セミナーのために入念なプレゼン準備を始めた．いままで学会発表に使ったスライドを公募内容に合うようにストーリーや表現などを変更し，また分野外の人も多いだろうから解説するスライドや言葉をなるべく日本語に訳したりもした．そうこう準備しているとすぐに時間は過ぎ，バタバタと帰国することになった．

「業績が足りない」!?

　しかし，今思えばはじめから雲ゆきは怪しかった．このセミナーによばれているのは私だけではなく，他にも数名の候補者がいることが後になってわかった．しかも，他の候補者は私より業績が明らかに上であった．

　一方で，他の候補者と私は年齢が明らかに違うので，将来性を見込んでくれているのではないかと淡い希望をいだいて帰国し，セミナーを行った．時差ボケがあったものの，セミナー自体はそれなりに好評で，質疑応答も悪くはなかったと思う．しかし，帰国する前には「業績が足りない」とのことでお断りのメールが届いていた．

　業績はあらかじめ提出済みであり，セミナー終了後に断られる理由としては全く納得がいかずに憤慨し，結局ドタバタの帰国などの疲れもたまり，この後1カ月あまりは体調不良が続いた（しかもこのポジションに決まった方は明らかに関係者だった）．

じつはこういった話はよく聞く話である．本命の候補者がいたとしても，公募をしたという形を示すために，わざと業績の足りない人や研究テーマが多少異なる人を選考によぶことがあるという．

"本当の公募"か確かめることも必要

　この経験があってからは，興味のある公募情報があったときには"本当の公募"かどうかを確かめるようにしている．公募先の学科内に知り合いがいれば，何らかの情報をもっている可能性はある．実際にある公募では，じつはすでに有力候補者がいるので辞めたほうがいいですよとの忠告をもらったこともある．

　応募書類の準備だけでも機関ごとに大きく異なることもあるので，その手間を省くためにも，事前に確認をしておくことも時には必要であろう．

私の留学体験記 ⑫

ある外科医の留学回想録

留学先 ● ニューイングランドデコネス病院、ダナ・ファーバーがん研究所/ハーバードメディカルスクール（アメリカ）
期　間 ● 1990〜1992年
誰　と ● 妻、長女（当時4カ月）

森　正樹（大阪大学大学院医学系研究科）

　私は1990年12月〜1992年3月にかけての1年4カ月という短い期間、米国マサチューセッツ州ボストンにあるニューイングランドデコネス病院（New England Deaconess Hospital：NEDH）に留学した。実際の研究は隣接するダナ・ファーバーがん研究所（Dana-Farber Cancer Institute：DFCI）でも並行して行った。これらはいずれもハーバード大学（写真1）の関連病院である。

　研究室のボスはNEDHでは外科教授でもあるGlenn Steele先生、DFCIでは台湾出身の基礎研究者のLan Bo Chen教授である。彼らは共同研究を行っており、そのために私は両方に所属しながら研究を行うことになった。テーマは消化器のがん組織と正常組織で発現差のある遺伝子を同定するというものである。当時、DNAマイクロアレイ技術はなく、cDNA subtraction library法で研究を行っていたが、これはたいへん手間暇がかかるものであった。

留学を機に分子生物学の道へ

　私は外科医としての修練を終えた後、大学院では人体病理を学んだ。留学を機に分子生物学を勉強したいと考え、外科医で分子生物学にも造詣の深いSteele教授に直接手紙を書いて留学をお願いしたところ、運よく受け入れていただいた。

　私は分子生物学的な研究ははじめてだったため、右も左もわからず、実験は当初から困難をきわめた。しかし、同室のイギリス人で消化器内科医のGraham Barnardさん（写真2）が、自分の時間を割いて教えてくれたおかげで、この困難を乗り越えることができた。アメリカは多民族国家であるため、外国人という概念があまりないようである。そのため私たち日本人が行っても、手とり足とり教えるようなことはしてくれない。それだけにBarnardさんの存在は大きく、本当に救われた。留学期間は母教室（九州大学第二外科）の事情から当初から短いと予想

《写真1》ハーバード大学　　　　　《写真2》Graham Barnardさん（一番右）と著者

していたため，休日もがんばらざるをえなかった．

帰国後は外科医とともに研究も続ける

　日本に帰国後は外科医としての仕事に忙殺されたが，何とか時間をつくり研究を続けた．臨床サンプルからDNA，RNA，タンパク質を抽出し，それらの臨床的意義を調べることをこまめに続けた．しかし研究費もままならず困っていたところに，恩師の杉町圭蔵教授から大分県別府市の九州大学生体防御医学研究所の外科に異動を勧められた．

　別府の施設は，外科の仕事をしながら研究を行ううえではたいへんによい環境であった．研究所とその附属病院はこじんまりしており，RIを使う実験室や動物実験施設へも移動が容易で，24時間いつでも空いた時間に研究できた．そのため，研究成果が出はじめ，そのデータをもとに戦略的創造研究推進事業（CREST）に応募したところ採択された．これが大きな転機になった．CRESTは年間予算が大きいため，必要な機器を十分にそろえることができた．また，実験補助員も採用することができ，これにより研究はかなり進んだ．ありがたいことと感謝している．

　外科医は手術をしてなんぼという世界である．私のように研究にも時間を割く外科医はそう多くはない．外科医が研究を行う必要があるか，しばしば問われるが，私は手術と同じくらい研究にも意義を見出せている（楽しい）ので，頓着していない．そのぶん，働く時間は必然的に多くなっているが．

　留学後，私はたまたまよい境遇をいただいた．そのために臨床でも研究でも精一杯がんばってこられたと思う．九州大学で10年間教授を務めた後，大阪大学で勤務する機会をいただき，今日に至っている．今は，消化器外科医でもある大学院生とともに，臨床の傍ら研究を継続しているが，多くの大学院生は研究開始後数カ月もすると，研究者の顔立ちになってくる．上からいわれていやいや始めた研究でも，成果が出るとがぜん勢いづき，没頭している．外科医が研究に没頭する期間は2年と考えている．その2年で考える力（理論的思考力）をつけてくれれば，嬉しいことである．

留学でこそ得られるつながり

　大学院を卒業する人には留学を勧めている．当時と今では社会情勢は大きく変わった．例えば，私が留学していたころは，メールやスカイプはなかった．しかし，今ではどこにいてもほぼ同時に情報を共有できる．そのため，留学の必要性が低くなっているという話を耳にする．しかし，メールよりface to faceである．そこに住んではじめてこまごまとしたことが理解できる．頭で理解するのと実際では異なるといわれるが，そのとおりと思う．同じ時期に留学していた日本からの会社員，銀行員，医師，研究者とは25年を経た今でも付き合いが深い．

　米国にも多くの友人ができ，会議で出張するたびに，会って近況を語りあっている．例えばボストン留学時代にお世話になったBarnard先生（現在，マサチューセッツ大学メディカルセンター）は消化器内科医として活躍中で，留学後25年にわたり共同研究を継続している．研究のアイディアはもとより，いまだに英語の添削でもお世話になっている．留学を機に知り合いになったCarlo Croce教授（現在はオハイオ州立大学；**写真3**）とGeorge Calin教授（現在はMDアンダーソンがんセンター）には，がんに

《写真3》Carlo Croce 教授（右）と著者

《写真4》研究室での講演

おけるがん抑制遺伝子やがんと non-coding RNA の関連の研究でお世話になっている．メールで頻繁に連絡をとりあい，学会参加の際には研究室で講演させてもらったり（写真4），食事をともにしたりしている．国籍を問わず友人をもてたことは最大の喜びであり，なにものにも代えがたい貴重な財産となっている．

留学後も羽ばたくために

「留学後も羽ばたくために」というテーマに応えるのは難しい（編集部注：本コラムはこのようなテーマで先生方にご執筆いただいたものです）．同じ医学部でも基礎系と臨床系で situation が大きく異なるからである．基礎系研究者は，留学中に Cell, Nature, Science 誌などに論文が掲載されても，帰国後に同程度のレベルを維持するのは困難なことが少なくないと聞く．そのためにしりすぼみになることも少なくないようだ．

基礎系の場合も臨床系と同じく，多くは派遣先の研究室に戻ることになると思うが，その際は留学中の経験をどのように生かすか自分でイメージするとともに，留学中から教授に常にコンタクトをとりながら，自分の帰国後の研究イメージをこまめに伝えることが必要ではないだろうか．将来的に帰国を考えているが，もとの研究室に戻らない場合は，留学中から日本の研究室の動向を注視しておくことが大切である．どこでどのような研究が行われているか，日米の学会，最近の論文などを常に意識的に眺めておくことが大切だ．そして適当な研究室が見つかった場合は，コンタクトをとり，こちらの熱意を伝えることが重要だ．その場合，推薦してくれる第三者の研究者（できれば Big name）がいることが重要である．そのためには学会など直接研究者と話ができる場を大事にすることが大切だ．自分の履歴書と業績集，最近の代表的な論文の別冊は常に携帯して，いつでも自己アピールできる体制をとっておくべきである．Big chance はどこに転がっているかわからない．

他方，臨床の場合は，帰国後の最大の問題は研究時間の確保である．私の場合は，助手（助教）の立場で帰国したが，臨床が忙しすぎてなかなか研究の時間はもてなかった．そのため大学院生を1人つけてもらい，彼と共同で研究を進めることにした．1人で行うことは時間的に限られているので，大学院生と二人三脚で進められたことはきわめて有意義であった．大学院生を指導しつつ，ある部分については自分が筆頭でまとめるなどの工夫を行った．せっかく研究の遂行能力があるのに，臨床で忙殺され，実力

を発揮できないのは損失である．ぜひ工夫を重ねて研究を継続してほしい．

　大阪大学の消化器外科からは毎年5名程度が留学に飛び立っている．私と土岐祐一郎教授が大阪大学消化器外科を担当するようになり7年が経過した．この間20名を超える若手外科医がすでに留学を経験し帰国したが，だれひとり留学を悔やんだ者はいない．それぞれによい思い出をもち帰っているようだ．昨今は内向きの日本人が増えていると聞き残念に思っている．ぜひ外国で暮らすこと，研究することを経験してほしい．日本経済新聞の最終面に「私の履歴書」という欄がある．経済界をはじめとする各界で成功を収めた方が紹介されている．その多くの方が留学を勧めていることに，留学の大切さが凝縮されている．ぜひ参考にしてもらいたい．

（掲載 2015/11/1, http://uja-info.org/findingourway/post/1509/ を一部修正）

留学後期〜終了 編

第13章
留学後のジョブハント②
〜アカデミアポジション獲得術＜海外編＞

早野元詞

　海外で一国一城の主になる．日本以外の国で研究室を主宰する，なんて大それたこと，スーパー優秀な研究者しか口にすることすらはばかられる．そう感じますよね．でもじつは，海外で研究室をもつには，日本国内で研究室をもつために必要なスキルとは異なるスキルを身につけること，そしてそのための準備をすることでハードルはグッと低くなります．海外で研究室を主宰すると，助教であろうとPI（principal investigator）として研究室の全権限を与えられるため，好きなように研究が進められます．逆にそれだけ継続的に責任と能力が求められますが，日本とは異なる大きなやりがいが見つかるでしょう．

　日本で研究室をもつ，海外で研究室をもつ．どちらがいいということはありませんが，海外で独立したいと思ったとき，何が求められるのでしょうか？ UJAのcareer developmentグループに世界中の研究者の方々から集められた情報をもとに，その獲得術について，アメリカ，ヨーロッパ（フランス，ドイツ）を例に本章で紹介します．これらの獲得術はシンガポールなど各国のジョブハントについても適用できます．

1 アメリカでのジョブハント

　Ph.D., M.D., D.D.S. の方に限らず，アメリカにおいて独立して研究室を主宰している日本人研究者の方は多くいらっしゃいます．それぞれの研究者の方々が経験したエッセンスについては UJA の留学体験記を参考にしてください（http://uja-info.org/findingourway/；本書 私の留学体験記⑥・⑬も参照）．

　さて，もしあなたが今ポスドクで，これからアメリカで独立して研究室を主宰するぞ!! と決めたときに，どういうプロセスになるでしょうか．簡潔にまとめると，「準備」→「応募」→「面接」→「交渉」→「契約」となります．

✳ステップ1：準備

　まず「準備」を始めましょう．早速，ここが最も時間がかかるとともに，最重要ポイントです．

●グラントの申請

　学生，もしくはポスドクとして所属している研究室の PI と話し合い，将来の目標，研究の方向性を決めてグラント（科研費）の申請を開始します．アメリカには，ポスドクから PI に移行する研究者向け，さらには PI になりたての研究者を支援するグラントがあります．「K」と分類づけされたグラントで，特に K99 とよばれる NIH のグラントは，海外からアメリカで独立を志す研究者をよび込むために市民権（green card）がなくても応募できるシステムになっており，最大 75,000 ドルの給料と 25,000 ドル/年の研究費が支給されます．

　K99 の申請はポスドク経験が 4 年以内であることが条件であり，期間中に複数回の提出と修正を行うことが可能です．K99 は 2 年間のメンタープログラムを得て，faculty position を得た場合に R00 の second phase へ移

行し，さらにそこから3年間のサポートが受けられます．このグラントは多くのアメリカ人研究者も応募するため，非常に競争の激しいグラントですが，これを獲得すると，採用する大学側にとってお金と能力の両面において魅力的にうつります．

　もし，K99の獲得が難しくても，private foundationのグラントへ応募してみたり，Human Frontier Science Program（HFSP）のフェローシップを過去に獲得している方は，Career development grantに応募するのもいいでしょう（第4章参照）．

● 必要書類の作成

　お金や業績以外に，必要な書類の準備があります．cover letter, publication list, statement of research interests, recommendation letter, teaching statementなどの書類です．

　cover letterは主にアカデミアでの就職活動に必要なフォーマットで，企業で用いるResumeとは異なります．シンプルに，これまでの業績，共同研究，研究や臨床における経験，教育における経験などをまとめます．

　research statementでは，研究の経験，これからの研究プランを簡潔に，そして実行可能性についてより具体的に，最後にbig picture, long-termのゴールを示すとよいでしょう．

　そしてpublicationなみに効果を発揮するもの，それが推薦書（recommendation letter）です．日本のように，教授のもつ研究室へ助教として雇うスタイルと異なり，助教（assistant professor）であれアメリカではdepartmentのなかに独立したPIとして雇用されます．そのため，departmentにとって，そして所属しているPI全員にとって，新しく雇用する研究者にメリットを感じなければなりません．応募している大学に知り合いのPIがいない場合，「推薦者」のリストが「あなた」を雇用するに足るかを判断する材料になります．世界的なネットワークをもつことは候補者の社会性を示し，すばらしい研究者とのつながりは大学へ新しいコネクショ

ンと風を吹き込みます．

◆ ◆ ◆

ポスドクとして研究室にこもってNature, Cell, Science誌にpublicationすることはまちがいなくプラスになります．しかし，ポスドクとはPIとなるためのtraining期間であり，人とのつながりを構築する能力，研究の将来，big pictureを描くことができなければ，世界のどこであったとしてもその研究者を魅力的に感じることはないでしょう．

カリフォルニア大学サンフランシスコ校（UCSF）が，ポスドクがアカデミアのジョブハントに必要な情報をまとめています（「PhDs: Start Here!」https://career.ucsf.edu/phds）．

✷ステップ2：応募

準備が整ったら，実際に興味のある大学を見つけて応募しましょう．見つけ方は，Science Careers, Naturejobs, Cell Career Network，大学のウェブ，紹介などがあります．

1つのPDFに応募書類をまとめて署名したら，指定された応募方法で書類を送って待つだけです．待っている間は次々に違う大学へ応募しましょう．もし，応募した大学に知り合いがいれば口利きをしてくれる可能性があるので，連絡も怠らないこと．

✷ステップ3：面接

幸運にも返答があり，時に簡単なスカイプでの質疑応答があった後に，面接によばれました．面接では，セミナーを大勢のfaculty memberとした後に，チョークトークとよばれる面接官と1対1の面談が行われます．

チョークトークは時に公開され，人数は10名前後，内容も今後の研究方針などがメインです．目的はdepartmentのmemberが一緒に働きたいと思う人物かを見定めるという観点を含むため，面接の前に面接官の名前，

顔，研究，論文，話題になる共通点を探っておくと話も弾むでしょう．また日本人の場合，ふだんから自分の興味や将来についてdiscussionする機会がないため，チョークトークを意識して練習することお勧めします．

✲ ステップ４：交渉，そしてめでたく契約

その後，もう一度面接があったり，数カ月待つこともありますが，めでたく採用の通知がきました．日本とは異なり，ここで「交渉」をきちんと行いましょう．謙虚な姿勢は誰の得になることはありません．

内容は，契約の年数，給料，福利厚生，研究資金，研究設備，雑務，昇進の条件などなど．気になることは事前にすべてリスト化して質問攻めにして，スッキリしておくことが大切です．

最後に「契約」して，めでたくアメリカで一国一城の主人となりました．夢と希望にあふれたPIとしての一歩を踏み出しましょう．

PIとしてearly stageのcareerにとって必要なことをHoward Hughes Medical Instituteが提供しています．必見です（「Making the Right Moves」http://www.hhmi.org/programs/resources-early-career-scientist-development/making-right-moves）．

2 ヨーロッパ（ドイツ，フランス）でのジョブハント

アメリカは，海外の優秀な人材にチャンスを与えるしくみがあり，研究環境も魅力的ですが，日本ではそのような外国籍の研究者が日本で独立するチャンスや環境はほぼ皆無です．応募も日本語で，この点がアメリカ，ヨーロッパとの大きな違いといえます．

ヨーロッパは国籍を求めず，単純に「EU圏で研究していること」を条件としてグラントの申請を許可し，申請書類も英語が主です．さらに，EU

としての予算をもつと同時に，各国それぞれとして研究費の予算，private foundationが存在します．そのため，それぞれの国のシステムを理解する必要があり，少しシステムが複雑な気がしますが，日本人にとっての垣根はアメリカよりむしろ低く，能力に応じてチャンスを得られることも多いと感じるでしょう．

✱フランスの場合

●申請可能なグラント

　フランスの場合，EUに加盟しているためHORIZON2020とよばれるEUで最も大きな科学技術予算や，その一部のERC（The European Research Council：ヨーロッパ研究評議会），そしてEMBOのもつスタートアップグラントへの申請が可能です．また，フランス独自のグラントとしてはATIP-Avenir，FRN，ANRなどが研究者の独立を支援しています．

　海外でのポスドク経験を積んでフランスへ戻ってくる研究者も多いため，非常に競争は激しいですが，ATIP-Avenirのように応募資格に現在のポジションは問わない，そしてアプライする時点で研究所に所属していなくてもシステム上は問題ないなどあり，チャンスは多くあるといっても過言ではありません．

　ただし，情報の収集にフランス語が必要な場合があるため，ネットワーキングも含めてフランス語の取得は必要かと思われます．

●フランスで独立するメリット

　フランスの長所は，PIは国家公務員になるため，異動が必要な場合，フランスに散らばる国立のCNRS/INSERM研究所すべてを選択肢に入れることができます．

✱ ドイツの場合

● 申請可能なグラント

　ドイツも同じく EU 加盟国で，HORIZON2020 および EMBO の対象です．さらにドイツ政府のグラント，およびフンボルト財団があります．そのため，PI になるために応募可能な start-up grant として，主には Emmy Noether Programm（ドイツ研究開発機構：DFG），Sofja Kovalevskaja（フンボルト財団），Heisenberg Fellow（DFG），ERC Grant（ERC）があります．

● 独立の方法と留意点

　ドイツの faculty には grade づけがなされており，W3→W2→W1 の順に，日本の教授，准教授，助教に相当します．ドイツで研究室を主宰するには 2 通り選択肢があり，まずは W1 の position として大学に雇用される場合，そしてもう 1 つは private foundation が主宰する研究機関に採用される場合です．

　大学に雇用される場合は，先ほどの start-up grant を取得して応募することが基本ですが，世界 3 位の publication 数を誇る Max Planck Institute や Fraunhofer や Helmholz，Leibniz Institute など独自の予算をもつ研究機関へ採用される場合は，start-up grant の持ち込みは必須ではありません．採用にあたっては同じく推薦書が必要で，面接も 1〜2 日かけて行われます．

　また採用後，ドイツの大学ではドイツ語で授業を行うことが求められますが，Max Plank Institute のように 95 ％以上がドイツ人以外によって構成されている場合はドイツ語は必須ではありません．

● ドイツで独立するメリット

　そして，ドイツで独立することの利点は，優秀な研究者であれば若手であれ，外国人であれ，非常に高額な研究費が提供される点にあります．

3 海外でのジョブハントに求められる共通スキル

　ポスドクは，研究室を主宰するにあたって必要なスキルを磨く期間であり，将来の研究について熟考する時間でもあります．研究は一人でやるものではなく，多くの研究者や仲間と一緒に行うものです．学生のうちは自分の研究に没頭することが仕事ですが，研究室を主宰する側になるとそうもいきません．自分の研究がどのように世界に貢献するのか，それを達成するためにどのような人たちとチームをつくって進めていけばいいのか，研究室の学生，ポスドクをどのように教育し，主宰していけばいいのか，雑務と研究における時間のマネジメントをどうするのか，などなどなどなど….

　ポスドクのうちによい論文を出すことも大切ですが，独立するにあたって準備するべきことはたくさんあります．さて独立するか!!! と思い立ったときから準備をしても時間がかかります．そのため，学位をとった瞬間から始めましょう．

　「start-up用グラント」，「big picture」，「networking」．魅力的なこの3つを用意すれば，海外でPI無双も夢じゃない．

◆　◆　◆

　海外で独立する．これは，思っているほどたいへんなことではありません．あなたの研究スタイルが海外に合っていると感じたなら，海外＝チャンス．チャレンジあるのみ！ 大きな夢を海外で叶えてみませんか？
Let's have a lab abroad with a big dream!

New investigatorの雑感

柏木 哲

　私はポスドク時代が長く，昔は夢にみたPI生活ですが，いざ始めてみると，ファンシーな実験をしたいと思っていたことでも，時間，お金や人がいなくてできないことが多いため，理想と現実のギャップに悩むし，精神的に辛いことも多いです．
　日本の講座のトップと異なり，独立してしばらくは1人か2人の人と一緒にラボをまわすことになり思います．ということでリクルートはとてつもなく重要ですが，

- インタビュー・リクルートは，計画を綿密に立ててやる．ある程度のシニアな人でも，成功している人は，これでもかと念入りにやっている人ばかりである．
- うまく人間関係が構築できて，コミュニケーションがとれるかどうかという能力は，サイエンスの能力と同様に重要．
- かなりの日本人PIは，日本人のポスドクと働いているケースが多い．科学者としての評価は結局論文で決まるので，トラブルを避けて無難に結果を出すためにはいい方法だと思う．

この「new investigator」の期間は二度と戻ってこないです．「成長の過程」といってしまえばそれまでかもしれませんが，失敗して消え去るケースをかなりみているので，悠長なことはいっていられません．末筆ながら，皆様の研究生活の成功を祈念して筆を置きたいと思います．

私の留学体験記 ⑬ Finding our way

留学後の独立をめざして
～アメリカでの独立はハイリスク・ハイリターン

留学先 ● イエール大学医学部（アメリカ）
期　間 ● 1998～2004年
誰　と ● 単身

小林弘一（テキサスA&M大学医学部）

　日本人の若者の留学離れが顕著になって久しくなりました．キーストンやその他の国際学会でみる日本人学生はめっきり減り，若いアジア人学生がいたかと思うと，多くはアメリカの大学院生か中国の学生です．私の専門は免疫学というものですが，ハーバード大学の免疫学プログラムという，その分野で全米最高の大学院プログラムに私がかかわっていた期間，日本から学生が応募してくることはありませんでした．そんななかで，すでに海外にポスドクとして留学しようとしている読者の方々は，その高い志だけをもって勝ち組といえるのではないでしょうか．
　海外でポスドクを終えた後の選択肢は少ないようですが，実際そのとおりです．自分の専門にとらわれなければ選択の余地は広いのですが，自分が経験から学んだものを生かして仕事をしようと思うと場所は限られてしまいます．しかし，血のにじむような努力をして勝ちえた海外留学とその成果，そして自分の専門を生かしてさらなる研究を発展させていきたいというのが人情でしょうし，日本や留学先の国が投資してくれたものに対するリターンという意味でも理にかなっているでしょう．
　ポスドク終了後の就職先は，大きく分けて次の3つです．①日本へ帰国して就職，②現在留学中の国にて就職，③その他の国に就職．③のケースはアメリカからヨーロッパ，逆にヨーロッパからアメリカなどがあります．①，②に比べると難易度は上がりますが，就職先の国のルールに精通していれば可能性があります．一昔前はシンガポールや中東の国といった，サイエンス振興に資金を大量に投入している国のケースもありました．筆者はアメリカで留学しそのままアメリカで独立したケースなので，それを主に述べてみたいと思います．

日本へ帰国して就職するケース

　多くの場合がこのケースでしょう．もとの研究室に帰ることが決まっている，いわゆるひもつき留学の場合，将来のことをそれほど心配することなく留学でき，そうでない人たちからみるとうらやましいかぎりでしょう．もとの研究室，大学としても気心知れた研究者がさらに経験を積んで帰ってくるので，安全な人事といえます．しかし科学者のトレーニング，各大学の活性化という点からみると，もとの大学に戻るというのは理想的ではありません．アメリカではまず考えられません．日本だからこそ成り立つといえるでしょう．
　日本に帰国することを念頭に入れているならば，コネは重要です．いい意味でも悪い意味でも，日本はコネ社会です．就職に限らず，いっ

たいどういう人の結びつきが将来役に立つかわかりません．留学中はもちろんですが，留学前から人との結びつきを大事にしましょう．有名な大先生と知り合いになるのも大切かもしれませんが，後輩や海外に後から留学してくる人たちも積極的に面倒をみましょう．

2〜3年くらいすると，うちの研究室に帰ってこないか，といった誘いがくるケースが多いと思います．逆に4〜6年も経ったシニアポスドクにはその業績に合うポジションがなかなかないこともあり，実力で就職先を探すことになることが多いようです．

アメリカのアカデミアで独立するケース

アメリカで独立する際のメリットはいろいろあります．なんといっても，1ポスドクから一国一城の研究者＝PIとなれるのは大きな魅力です．誰を採用しようが，何を研究しようが，どのグラントにアプライしようが，すべて自分の思うままです．大学はスタートアップパッケージの予算を組んでいて，300,000〜1,000,000ドルくらいがつくでしょう．多くの場合はどう使おうが，制約がつきません．いったんアシスタントプロフェッサーとなってしまえば，一人前に他のフルプロフェッサーと同じように扱われます．

一方でデメリットも多くあります．一番大きいのはポジションが安定していないことでしょう．アメリカの多くの他の職業と同様，ポジションをとったらそれで安泰ということはなく，維持することが容易ではありません．日本とは反対ですね．アメリカではノーベル賞級の人でも，タイトルに見合った仕事をしていないと，特にグラントをとれていないと，ポジションを維持できないことがあります．日本では地位が上がれば上がるほど（大御所になればなるほど），競争から解放される傾向がありますが，アメリカではスタートしたばかりの新米教授と大ベテランの教授が同じ土俵で競争させられます．若い研究者にとってはいいことですが，生活への不安をほぼ一生かかえながら研究していくのはたいへんなことです．

アシスタントプロフェッサーの場合，3〜5年くらいで（大学によって異なり，7年という場合もあります）アソーシエイトプロフェッサーへの昇進が審査されます．審査に通ると，多くの大学でテニュアが与えられます．この場合，生活はかなり安定するといっていいでしょう．

一方，フルプロフェッサーになるまでテニュアが与えられない大学も（イエール大学などのアイビーリーグに多い）あります．またフルプロフェッサーになっても，自分の給料の一部をグラントでカバーしている場合（多くの医学部，私立大学のケース）は，グラントがとれなくなった時点で大学を辞めないといけない場合もあります．この場合はテニュアがあるといっても，有名無実です．

いずれにしろ，研究者としてアカデミアで生きている以上，一生グラントをとる競争に勝ち続ける必要があり，そのプレッシャーたるやすさまじいものがあります．

アメリカの採用基準

アメリカで独立できるかどうかは，自分の業績でだいたい可能性が判断できます．筆者は，ハーバード大医学部附属病院であるダナ・ファーバーがん研究所と，全米でもマンモス大学であ

る州立のテキサスA&M大学という，全く性格の異なる2つの大学で新人ファカルティのリクルートに関与しましたが，採用基準はだいたいどこも変わらないと思っていいでしょう．どこの大学でも50～200くらいの応募が，1つ，2つのポジションに殺到します．最初の書類選考で5～10くらいまでしぼられます．

発表論文をみるだけで，10～20くらいまで大雑把にしぼることができます．その分野で複数の論文を筆頭著者として発表していること（極端な例ですが，論文がNature誌1本のみというのは採用する側からすると不安です），高インパクトファクターの雑誌，できればNature, Science, Cellなどのトップジャーナルないしはその姉妹誌などに筆頭筆者として論文があるなどが重要になってきます．

また採用しようとしているデパートメントに研究内容が合っているかどうか，現在いるファカルティーと共同研究が組めそうかどうか，これから伸ばしたい分野なのかなども重要です．これらは内部情報になるので，候補者にはなかなかわかりません．

またグラントをとる能力があるのかも重視されます．ポスドクの場合はグラントをもっていることは期待されませんが，フェローシップはもっていたほうが無難といえます．さらに有力な候補は，たいていNIH（国立衛生研究所）のK01, K99などの独立する過程をサポートするためのフェローシップをもっています．

無事に書類選考が通ると，面接です．3～10人くらいが面接によばれ，セミナー，主立ったファカルティとの一対一の面談，ファカルティとの夕食など，1～2日かけて行われます．チョークトークといって，セミナーとは別に将来の研究計画を話させる場合もあります．残念ながら，私がかかわったリクルートでは日本人候補が面接まで残ったことがなかったのですが，セミナーは非常に重要です．

日本は優秀な人材に恵まれ，医学生物学分野ですばらしい研究成果を何十年にもわたって出し続けているにもかかわらず，なぜかセミナーを英語でうまくできる日本人はまれです．発音にアクセントがあるなしの問題だけではなく，プレゼンテーションの構成，インパクト，コミュニケーションなどでも劣りがちです．アメリカ人候補でもうまい人もいればへたな人も大勢います．すばらしい研究履歴をもっている候補が，セミナーの不出来であっさりとリストからはずされるのをみたことが何回とあります．練習すれば，誰でもそれなりに上達することができるので，スライドの構成は練りに練り，トークの練習は人にみてもらったうえで，しつこくくり返しましょう．

アメリカでのポジションを獲得する方法を詳しく書くとそれだけで1冊の本になりそうですのでこのあたりで終わりにします．大学院を出て間もない若手の研究者が大活躍することもめずらしくなく，アメリカンドリームはいまだ健在です．アメリカでの独立はハイリスク，ハイリターンですが，苦労もあるぶん，やりがいもあるといえるでしょう．皆さんのご活躍を期待しています．

（掲載2015/11/19,
http://uja-info.org/findingourway/post/1499/ を一部修正）

留学後期〜終了 編

第14章
留学後のジョブハント③
〜企業就職術

黒田垂歩

アカデミアの研究者の皆さんのうち，企業で働いてみたいと思う方はどれくらいいるのでしょうか？

留学後のキャリアパスとして，企業に移るという選択肢の重要性が高まっていますが，その実態は必ずしも明らかではありません．本章では，これまでに海外留学を経て企業へ異動された方を対象としたアンケート結果をもとにしながら，私の経験も交えつつ，留学後にアカデミアから企業へ移るというキャリアパスについて考えたいと思います．

1 留学後に企業で働くこと：企業へ移るのは都落ちなのか!?

日本のアカデミアの研究者が企業に移ると，何か地位の低い職に就くような見方をされませんか．「都落ち」「お金のために研究を捨てた人」などといわれることさえもあるようです．アカデミアから企業に移ることは，はたして恥ずかしい行為なのでしょうか？

海外では，大学，ベンチャー企業，大企業の距離がとても近いです．大学の教授が大企業の要職に引き抜かれることやその逆のケースもあるし，教授がベンチャー企業を立ち上げて大もうけしたという話も聞きます．ま

た私が留学していたアメリカでは，大学院生やポスドクの大手企業への就職が決まると，率直に"Congratulations!!!"といえる雰囲気がありました．それは次のキャリアへの確かな一歩を意味するからです．アカデミアから企業へ移ることについての認識が，日米でどうしてこうも違うのでしょうか？

2 ボストン留学を経て叶った「製薬会社での夢の実現」

"越中富山の薬売り"の末裔(まつえい)である私は，子どもの頃から「創薬を通して医療に貢献したい」という夢をもっており，大学は薬学部へ進学しました．生物系の研究のおもしろさにのめり込み，学部卒業後も研究を続けるため大学院へ進学．博士課程に入る際に，自分の創薬への強い興味は一度，ディープフリーザーのなかで凍結させました．

✳ ボストンで再燃した創薬への夢

その後，縁があってボストンのダナ・ファーバーがん研究所/ハーバードメディカルスクールで6年半，ポスドクとして留学する機会を得ました．

ボストン留学中は，ゲノム細胞生物学を駆使したがんの創薬標的スクリーニングに携わり，大手製薬企業ともかかわりをもつ機会を得ました．「この研究が順調に進めば，いつか抗がん剤開発につながるのかもしれない…できれば薬創りをもっと身近に体験したい」．その頃私のなかでは，凍結していた夢が再び熱を帯びて，溶けはじめました．またボストン留学中に出会った友人たちのなかには製薬企業の研究者も多く，彼らからよい影響をたくさん受けました．

✳ 創薬の夢を叶えたい―製薬企業への応募

日本の大学でポジションを得て帰国したのですが，私の胸のなかの創薬に対する想いは日に日に強くなっていきました．折しもSNSのLinkedInを通して人材紹介会社のヘッドハンターからコンタクトがあり，製薬企業のポジションに興味はないか？と問われました．そのときの私は「アカデミアに未練が残るのではないのか」といった不安をもちながらも，目の前にあるチャンスを試してみない理由はないと思い，製薬企業への応募準備を開始しました．

さまざまな友人からのアドバイスを活かして準備を進め，複数の外資系製薬企業に応募したところ，応募した企業のすべてからオファーをもらいました．そのなかでも，これまでの研究の知識を活かしながら新しい創薬の形を学べ，かつ留学中に培った英語でのコミュニケーション力を存分に活かせる，バイエル薬品株式会社オープンイノベーションセンターでのアライアンスマネージャー・主幹研究員というポジションが私にぴったりだと思われ，このポジションに就き現在に至っています．

3 アカデミアと企業で優劣はつけられない

実際，企業に入って感じたことは，アカデミアと企業はそれぞれの強みを生かしながら社会に対して重要な役割を果たしており，双方に優劣をつけることができないということです．例えば基礎生物学や先端医科学における研究はアカデミアの世界がリードしていますが，創薬技術に関する領域においては製薬企業が圧倒的な技術力を有しており，その両輪がかみあうときに薬という形で「科学の結晶」が生み出されるのです．

最近はアカデミアと製薬企業のパートナーシップの機会が増え，製薬企業が共同研究のスポンサーになることも多くあります．アメリカで私が感

じた「アカデミアと企業の対等な関係」に，日本も徐々に近づいていると感じています．

◆ ◆ ◆

ここでわかるように，私にとっては製薬企業で働くことは「都落ち」などでは全くありません．むしろ，研究者としてボストン留学を経た後にたどり着いた「薬創りという新たな夢のはじまり」を意味しており，現在も創薬について日々学びながら，自らの新しい挑戦に喜びを感じています．

4 留学後に企業に移った方のアンケート結果

私もそうであったように，アカデミアでの経験しかない方が企業に移ることについては，さまざまな不安があると思います．これまでに企業に移られた方は，ご自身の仕事をどのように感じていらっしゃるのでしょうか．

✱企業の満足度は平均82点！

留学後，アカデミアから企業に移られた方のみを対象としたアンケートを行い（249～254ページ），「実際に企業で勤めてみた満足度」を100点満点で聞いたところ，平均82点という結果でした（**アンケートQ3**）．7割以上の方が80点以上の点数をつけていることからも，アカデミアから企業へ移ったことについて，多くの方が満足されていることがわかります．

高い満足度の理由として，収入（1.5～2倍に増加する方が多い）や福利厚生，プライベートの時間がきちんととれるなどの理由から，QOL（Quality of Life）が向上することをあげた方が多くいました（**アンケートQ4**）．

また仕事のスタイルに関しても，目的意識が高いチームメンバーと専門分野に応じて役割分担をしながら，スケールが大きく実社会に直結するプロジェクトを進めることについて，多くの方が喜びを感じています．アカ

デミアで感じていた，キャリアの不透明性や業績・研究費獲得に対するひっ迫感から解放されるというメリットをあげる方もいます．

✳職種は？

アンケート結果によると，約6割の方が研究職に就かれており，アカデミアでの研究と何らかの連続性をもたせた転職をされる方が多くいました（アンケートQ6, Q7）．

確かにこれまでの経験が活きる仕事に就くほうが，スムーズに会社に入っていける可能性が高いでしょう．しかし多くの会社では，社員に対する教育の機会を与えてくれるので，新しい領域への挑戦とキャリアアップを会社がサポートしてくれるという見方ができます．

✳研究に関する自由度は？

一般に，研究予算に関する自由度は企業のほうが高いというメリットがあります．会社の方針にフィットする場合や，会社の上層部をみずから説得することができた場合，より大きな予算を動かすことが可能となります．しかし，研究者の興味にのっとった自由な研究スタイルという面では，やはりアカデミアが勝るようです（アンケートQ5）．

✳企業とアカデミアのメリット・デメリット

アンケート結果をもとに，企業とアカデミアのメリット・デメリットを表1にまとめました．

第14章 留学後のジョブハント③

表1 ● 企業とアカデミアのメリット・デメリット

	企業	アカデミア
メリット	・収入の増加（1.5～2倍増） ・福利厚生の向上 ・週末に仕事・研究から離れることが可能 ・仕事に対する役割分担が明確 ・チームをマネジメントする構造がしっかりしている ・幅広く仕事を学ぶことができ，将来のキャリアに広がりが生まれる ・キャリアアップのための教育プログラムやjob rotationのしくみが充実 ・仕事のスケールが大きく，自分の仕事が社会に直接貢献する可能性が高い	・研究内容の自由度が高い ・夢を追いかけやすい ・論文という形で名前が後世に残る ・サイエンスのレベルが高く，詳細な解析・分析が可能 ・他者と共同研究を開始する場合のハードルが低い ・成功した場合の，大学教授というステータス ・研究に実用性がなくとも新規性だけで評価の対象となる
デメリット	・法律，特許，契約にしばられることが多い ・ルールやプロセスに厳しく，スピードが遅い[※1] ・会議が多い	・キャリアの不透明性 ・論文発表，研究費獲得に対する絶え間ない切迫感 ・論文発表に際して政治力が関与する不公平感 ・サラリー・QOLが低い[※2] ・大学・研究室運営に関する雑用が多い ・教育の義務が多い

※1 ベンチャー企業では，大企業に比べてスピード感があり，高い目的意識が社内で共有されており人材も粒ぞろい，という意見もありました．
※2 海外の大学のfaculty position（教員職）では，日本のアカデミアに比べて給与が高い傾向にあります．

5 自分は企業へいくべき？ いくべきじゃない？

　自分が企業に移るべきなのか，それともアカデミアに残るべきなのかは，誰しも判断が悩ましいところでしょう．アンケートでは7割近い方が日本

を勤務地としてお仕事をされており（アンケートQ2），留学後に日本へ帰国する際に，アカデミアから企業に移られる方が多い様子がみてとれます．

ご自身の興味・適正のみならず，配偶者の仕事や子どもの教育，両親のお世話の必要性，アカデミアでの受け入れポジションの有無など，さまざまな要素を総合的に判断する必要があります．

✻ 何を基準に判断する？

● 研究テーマへのこだわり

ご自身の適正の判断基準の目安の1つとして，**「自分の研究テーマに対するこだわりの強さ」**を自問してみてはいかがでしょうか．「振り返ってみたら，ずっと同じテーマ・同じモデルで研究を続けているなぁ」という方，あるいは「自分は人生をかけてこのテーマ・このモデルで研究を続けたい！」という強い気持ちをもっている方は，アカデミアでの研究に向いている可能性が高いと思います．

一方，「おもしろい研究ができれば，研究テーマは特に何でもよい」「研究の内容が何であれ，成果をあげることにむしろ喜びがある」という方は，企業での仕事と親和性が高い方だと思います．

その他にも，アンケートQ8にある「企業に移るべきかどうかの判断基準」（254ページ）をご参考にしてください．

● ふんぎりがつくかどうか

企業に移った方の多くは，「自分はこの分野の基礎研究を○年やったから，もう十分．新しいことに挑戦して，もうひと回り成長しよう」といった，**アカデミアを離れることについての前向きなふんぎりがついている**ことが多いです．ご自身でこのような気持ちの整理をつけられるのかどうかも1つのポイントです．

✱ベンチャー企業という選択肢

　また，一概に企業といっても千差万別です．アカデミアに近い環境で仕事を続けたいという方は，大企業を避けてベンチャー企業という選択肢もあると思います．こちらでは，雰囲気はアカデミアの研究室に近いところがあり，さらに会社が1つの目的に向かってチームとなりギュッと集中しているよさがあるようです．

✱すぐクビになるのでは？

　企業ではすぐにクビになるということを心配している方もいるかもしれませんし，実際，アメリカの企業ではそのような傾向があります（本章コラム「アメリカでの企業就職体験談」参照）．

　しかし，ある会社を離れたとしても別の会社に移る機会は実に多く存在します．事実，私がいる製薬業界では，同業他社の間で人材の行き来がものすごく活発にあります．それを考えると，まずは一度企業に入って少し経験を得ることで，将来のキャリアの安定度が飛躍的に向上するということがいえます．

✱年齢のしばりはある？

　企業に移る際に適した年齢というものもあり，これまでは「企業が採用するのは35歳まで」という声をよく聞いたもの，最近は35〜40歳で企業に移る方をよくおみかけします．

　一方で，このような年齢のしばりをあまり心配しすぎる必要はありません．企業は，本当に欲しい人材なら，年齢の枠を超えてでも採用するものです．

✱まずは話を聞いてみよう！

　私の友人には，自分が企業で働く可能性は当初全く考えていなかったけ

れど，留学先で製薬企業に勤める友人から話を聞いたりするうちに，アカデミアのキャリアよりも製薬企業に勤めるほうがいいんじゃないか，と思うようになり，実際に大企業の研究職に就かれた方がいます．

まずは話だけでも聞いてみないと，向き・不向きすら判断できないともいえます．時間のムダだと思わずに，**一度は企業説明会**などに足を運んでみられることをお勧めします．

6 どうやって企業に入るの？

企業への就職活動をしたことがない方にとって，企業の求人に応募する際のプロセスにはとまどいがあるかもしれません．いつくか役に立つと思われるコツを以下に記載します．

✲企業とのコンタクトのきっかけ

アンケートの結果，約半数の方が，SNSのLinkedInや転職情報サイトを通してきっかけをつかんでいます（アンケートQ1）．まずはこれらのサイトに自身の経歴を入力し，きちんとした写真を掲載するところからはじめましょう．一度LinkedIn経由で人材紹介会社のネットワークに入ると，芋づる式に他のヘッドハンターともつながることができるので，複数のポジションを同時に検討することが可能になります．

その他にも，キャリアフェアでの説明会や，人材紹介会社への登録がきっかけだった方もいました．

✲職務経歴書

アカデミアのCV（履歴書）とは形式が全く違い，経歴をA4サイズ1～2枚程度にまとめます．

大切なポイントは，**応募する職に自分がふさしいことを十分にアピールすること**です．研究者はとかく細かい研究内容にこだわりがちですが，書類をみる人の多くはそれを正しく理解できないでしょう．ですから，素人でもわかるくらいにかみくだいて記載することを心がけましょう．職務経歴書のテンプレートは，指定がないかぎり自分のスタイルに合ったものを使って構いませんが，研究費の申請書と同様，見やすくする工夫は大切です．

できあがった職務経歴書を企業経験のある友人や人材紹介会社の方にみせて，フィードバックをもらうのもよいでしょう．

✻ 採用面接

まっすぐに目を見て，理路整然と話をしましょう．相手を口で負かすことが面接での目的ではありません．例えば人事の方であれば研究内容の詳細を話すよりも，自身のキャリアチェンジに対する想いを語りましょう．

中途採用の人材は即戦力として期待されていますので，これからどのように応募ポジションに貢献できるかは，あらかじめしっかり考えて面接に臨みましょう．またスタンドプレーしかできない研究者を企業は望みません．具体例を示して，チームプレーができることを示しましょう．

そして何よりも，ポジションへの意気込みをしっかりみせることと，余裕のスマイルを忘れずに．

◆ ◆ ◆

「毎日研究に追われて，企業に入る準備をしている余裕なんてない」という研究者もいることでしょう．**必要なのは，あなたのタイムマネジメント能力です**．優先順位を明確につけて，必要なことに必要な時間を割りあてることは大切なことです．

目の前の実験をやるばかりで将来の不安に目をつぶり，数年後に自分や家族が「こんなはずじゃなかったのになぁ」ということがないように備えること，大切ではありませんか？

7 Ph.D. の選択肢としての企業就職

皆さんの周りには博士号を有している方が多くいるでしょうから,「Ph.D. をもっていてもそれほどの価値はない」と思ってしまいがちです.しかし,いざアカデミアを抜け出して企業に出てみると,Ph.D. をもっている人というのはそれほど多くなく,じつはその肩書きだけでも社会全体から見ると頭1つ飛び抜けていたりします.

さらには,アカデミアに長くいると,長年研究を続けてきたことに関する自身の価値に気づいていない研究者が多くいます.これまでに培ってきた,論理的思考力や問題解決力が役に立つのは,学問の世界だけではありません.アカデミアで培った力に加えて,コミュニケーション力,プレゼンテーション力,チームワーク力を磨けば,自らの活躍の場が驚くほど広がることでしょう.

◆ ◆ ◆

科学技術創造立国をめざす日本において,博士研究者が社会で十分に活躍できていないという現状は早急に解決されなくてはいけない問題です.特に海外に出て留学経験をした貴重な人材が,研究室を飛び出して企業での活躍の場を見つけることで,日本全体の活性化の原動力となることを期待しています.

研究者の皆さんが企業でも働けるような準備を整え,柔軟なキャリアプランをもつことで,心豊かな人生を手に入れられることを心より応援しております.

So let's be brave and step into the next adventure!

8 アカデミアからの企業就職に関するアンケート結果

回答者数：19

男女比 男：女＝2：1（未回答1）

20代 5.6％；30代 50％；40代 39％；50代 5.6％（未回答1）

Q1. アカデミアから企業に移る際，どのような媒体を通して最初の企業の仕事を見つけましたか？

A1. LinkedInを通してヘッドハンターとつながりをもった方が最多

- SNS・転職情報サイト（47％；LinkedInと答えた方が37％，その他にはBiospace，Indeed，リクナビNEXT，m3.com）
- 人材紹介会社（26％）
- その他：知人の紹介（11％），Google検索（5％），JREC-IN（現JREC-IN Portal）（5％）

Q2. アカデミアから移った最初の企業について，企業形態と従業員数を教えてください．

A2. 海外企業が約6割，日本勤務の方が約7割．従業員1,000人以上の大企業に勤務する方が約8割．

企業形態	日本企業 (日本勤務)	日本企業 (海外勤務)	海外企業 (日本勤務)	海外企業 (海外勤務)
％	37	5	32	26

従業員数	0〜100人	100〜1,000人	1,000〜10,000人	10,000人以上
％	16	5	37	42

Q3. 実際に企業で勤めてみた感想を，100点満点で評価してください．（100点＝大満足，0点＝全く満足していない）

A3. 平均82点．7割以上の人が80点以上の満足度．

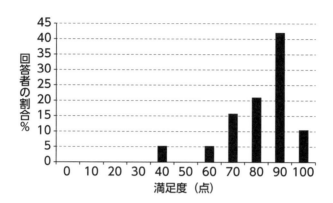

Q4. 企業で働いていて（アカデミアにいるより）よかったと思う点を述べてください．

項目（自由記述から分類）	回答者の割合（複数回答）
収入の増加・安定	58%
福利厚生の向上	42%
チームワークで仕事をし，役割分担が明確	32%
研究内容・研究費の自由度	26%
仕事に対する高い目的意識	21%
仕事のスケールの大きさ・幅の広がり	21%
週末などプライベートな時間の充実	16%
キャリアの安定性向上	16%
仕事を通して社会に貢献できる実感	16%
人事的な風通しのよさ	11%

Q5. 逆に,アカデミアにいるときのほうが(企業で働いている今より)よかったと思う点を述べてください.

項目(自由記述から分類)	回答者の割合(複数回答)
研究内容・スタイルの自由度	37%
実験・研究に没頭できる	26%
興味ドリブンで研究ができる	16%
論文を出すタイミングに制限がない	11%
研究の新規性が評価される	5%
教育の喜び	5%
学会に出やすい	5%

Q6. 現在のお仕事は,アカデミアでの研究とどの程度関連性がありますか?(100%=ほぼ一緒,0%=全く関係ない)

A6. アカデミアでの研究と現在の仕事の関連性は,平均して6割程度.

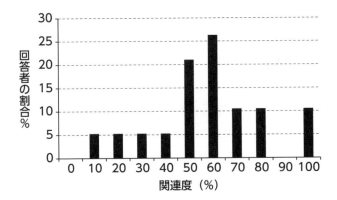

Q7. 現在の職種を教えてください.

A7. 約6割が研究職.

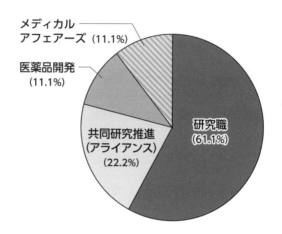

Q8. これから企業に移ることを希望されるアカデミアの方へ,アドバイスをお願いします.

企業とアカデミアの比較

- アカデミアと企業に大きな差があるとは思いません.企業で大きな貢献をしてアカデミアに戻る人もいるし,大学の教授が起業して,企業のほうが好きになって教授職をやめるパターンもよくあります.

  人に貢献するとか,たくさんお金を稼ぐとか,地位・名誉がほしいなど,人によって価値観も異なりますが,人生を進めていけば研究よりも大事なものが見つかるかもしれませんし,目標も変わります.こり固まらずに,アカデミアでも企業でもその他でも行って,今できる最大の貢献をするのにベストな場所で精一杯やればいいと思います.

- すべての点において,企業のほうがアカデミアより利点があるように思えます.アカデミアで最先端のサイエンスをしているという錯覚に陥りがちですが,企業でも同等のサイエンスをし,より大きなものを動かす

ことができ，さらに，自身の開発した製品（新薬）を患者さんに届ける過程に携われます．
- 病気の研究をするのであれば，むしろアカデミアよりも優れた環境だと思います．
- 製薬業界の研究ではアカデミアと企業の差がかなりなくなってきていますので，心配なくお越しください．
- 研究の自由が大きく狭まるのじゃないかと私は心配していましたが，そんなことは全くありませんでした．むしろ，「自分1人では手が回らないけどむっちゃおもしろい研究アイデア」を発案し，賛同を集めることができれば，会社が全面的にバックアップしてくれます．全く分野が違うことでも，一切携わったことのない技術やノウハウが必要でも，試してみよう・挑戦してみようという気になります．

　ゴールをめざしそこに進んでいくような研究に興味があれば，創薬研究をとても楽しめるんじゃないかと思います．
- 企業風土によるとは思いますが，企業で自分のアイデアを実現するチャンスは意外とあります．
- 社内・社外の研修で，ビジネスでの考え方やリーダーシップなど，これまで大学で教えてくれなかったことをいろいろ学べます．また，社員の扱い方も丁寧で，休みをとる権利はきちんと守られています．特に私は社員向けマッサージルームがあることが気に入っています．

企業就職のコツ
- 企業を前向きに考えている方は，早めに準備をすることが大切だと思います．アカデミアと企業では，求められる能力や経験は必ずしも同じではありませんし，キャリアに対する考え方，仕事の進め方も違う点がたくさんあります．
- 論文が出てから探すのでは仕事は見つかりません．企業に就職しようと思ったらまず仕事を探しましょう．募集がいつ出るかは誰にもわかりま

せん．準備はあらかじめ整えておきましょう．
- 得られた職種が希望と違うことがありますが，実際経験してみるとおもしろみが見つかるかもしれません．今できること，いられる場所で精一杯努力していきましょう．
- これまでの経験を生かすことができ，自分でも興味がもてる領域の仕事を選んだほうが，長期間働く意欲を維持しやすいのではないかと思います．
- 企業就活するなら30歳過ぎくらいがよいと思います．それより後だと，その後のキャリアパスが難しいです．
- いろいろな方のお話を聞くとよいと思います．

企業に移るべきかどうかの判断基準
- 1つの論文を執筆するときに，Fig1～Fig7まですべて自分の実験に基づくデータでないと嫌という方は，アカデミアで邁進すべきでしょう．むしろ，Figを仲間とともにパズルを埋めていくように進めたい方は企業を考えてみてはいかがでしょうか．
- 協調性やいろいろなタイプの人とバランスをうまくとる能力が研究より必要となります．人と何かを成し遂げたり協力して行う経験をたくさんしてみて，いろいろな人と協業できるか，ご自身の適正を考えてみてください．
- 新しいことに挑戦したい方，自分の専門性を基盤にしつつも他領域に視野を広げたい方，そしてそういったことが苦にならない柔軟性をもった人は向いていると思います．
- これからの企業で求められる人材は，仕事における平均点が高く，かつ新規アイデアをもって自主的にプロジェクトを推進できる人材で，アカデミアで能力が高い人は十分に企業で通用するでしょう．一方，企業では周りとの協調性も重要視されるので，自己中心的になってしまうとうまくいかないと思います．

大坪武史さん，門谷久仁子さん，木村丹香子さん（武田薬品工業株式会社），篠田 現さん，Toshiya Tsujiさん，JNさん，藤門範行さん，松井稔幸さん，水原司さん（PartiKula），八代好司さん，その他，多くの方にアンケートやSkypeインタビューに応じていただきました．誠にありがとうございました．

ある研究者の企業就職術　　　　　　　　　　　　　　　　　　C氏（匿名）

　企業への就職をめざす場合，専門知識や研究業績だけが評価されるわけではありません．企業はビジネスをするところですから，ビジネス視点をもっているか？マナーなど社会人基礎力はあるか？協調的に働けるか？同年代の社員と比較して十分な経験や能力があるか？ということも評価されます．

　しかし，私自身がそうであったように，企業経験がない人にとってはピンとこないかもしれません．研究留学中だった私が最初に行ったことは，アカデミアから企業に移った友人たちに相談することでした．相談を通して，研究留学やアカデミアでの経験が企業でどのように活かせるのかを考えることができました．また，日本の大学で行われている若手研究者のためのキャリア支援プログラムに登録させていただき，履歴書の書き方や面接の練習を数カ月にわたって指導していただきました．

　実際の就職活動では，複数の人材紹介会社を利用し，一部の面接を海外からオンラインでやっていただけるように調整をしていただきました．就職活動を独力で，しかも海外から行うことは容易ではありません．積極的にこのようなしくみを活用することが有効だと思います．

column

アメリカでの企業就職体験談

門谷久仁子

　ここを読まれている多くの方は，自分の考えで留学をしたい，する予定，していると思われますが，私は結婚している女性が直面するかもしれない事情「主人の転勤」に伴い渡米しました．おまけに私のキャリアは日本にいたときから「家庭の事情」で転職をくり返しており，決して輝かしい職歴があるわけではありません．しかし，このようなバックグラウンドでも，アメリカの企業への就職は可能なのです．

ポスドクから企業の研究室へ

　私は日本でもメーカーの研究所で働いていたことから，アメリカでも企業の研究室で働いてみたいと思っていました．どのようにしたら就職できるのか全くわからなかったところ，知り合いのアメリカ人から，まずはアメリカで実績を積みなさいと提言され，スタートとして民間の研究室のポスドクから始めました．3年間ポスドクをしたあと，スタートアップのバイオテック企業に職を得，そこは6年半勤め，キャリアアップをめざし製薬会社の研究所に移りました．

5カ月目でレイオフに

　ですが，この会社に入って5カ月目で，会社の再編成に伴いサンディエゴにあった研究所は他社に売却，私を含め300名以上の従業員がレイオフに巻き込まれました．動物実験をしていたため，その実験が終わるまでの4カ月は会社に残れることとなったのですが，プロジェクトがなくなるのに実験を継続することに疑問を感じながらの次の職探しでした．残り1カ月を切ったとき，運よく今の仕事が決まり現在に至ります．

　レイオフにあったとき，アメリカ人に"Welcome to America"といわれました．レイオフはアメリカで働く以上一度は経験するといわれています．

経験が年齢に勝るアメリカ

　ですが，レイオフのネガティブな面を相殺するプラスな面として，私が一番にとりあげたいのは，アメリカでは年齢に関係なく経験で採用され，実力に見合ったそれなりのお給料をいただけることです．

　私が渡米したとき，すでに40歳を過ぎており，はたしてこの年齢でアメリカで採用してもらえるのか不安に思っていました．というのも，日本では年齢のために嫌な思いを経験してきたからです．ですが驚くことに，全く影響されずに今日に至っています．50歳を過ぎての転職もスムーズにできました．

アメリカにも年齢差別はあるといわれていますが，私はそれなりのスキル・経験があれば何歳になっても現役で働ける環境である，とてもありがたい国だと感じています．「何らかのコネがないとアメリカの企業には転職できない」と思っている方が多くいるようですが，そんなことは決してありません．

チャレンジのすゝめ

日本とアメリカの会社で働いて思ったことは，言葉の問題は別として，それ以外，特に大きな違いはないということです．もちろんレイオフやクビになる頻度は違いますし，文化に基づく人間関係も異なりますが，基本的に大きな違いは感じません．

留学後，もし企業で働くという選択をした場合，アメリカの会社で働くことも考えてみてはどうでしょうか．海外の企業で働いた後で日本の企業に移る方も多くいます．あまり難しく考えずチャレンジしてもらえたら嬉しいです．

私の留学体験記 ⑭

Finding our way

「先生，ただ今戻りました」

留学先 ● ブロード研究所（アメリカ）
期　間 ● 2010～2015年
誰　と ● 単身

松井稔幸（製薬会社）

T君：「MITって大学がすごいらしいで」
K君：「へ～～，俺はマサチューセッツ工科大学ってのがすごいって聞いた」
T君：「え，だからMITやろ？」

　今でもはっきりと覚えている，高校時代の休み時間の会話である．ご存知のとおり，MITとはマサチューセッツ工科大学の略称であり同じ大学のことである．当時の私は両方の名前を知ってはいたものの，異なる2つの大学が存在していると誤解しており，K君と同じような認識だったのを今でもよく覚えている．本稿では，10代の頃はこのようないいかげんなイメージをもちあわせていただけの人物が，実際にアメリカに留学し，日本の製薬会社に職を得て帰国した経緯を記す．

留学先選び

　高校卒業後は日本の大学に進学し，大学院博士後期課程（以降は単に博士課程と記す）までを日本で過ごした．本当のところ，修士課程への進学時には博士課程からはアメリカに留学したいと考えていたのだが，私は修士課程から工学系から生物系へと専攻を変えたので，日々の研究をこなしていくのに必死で，気がつけば修士課程が終わっていたという状況であった．

　それでは本当に留学を決意したのはいつかというと，博士課程の中盤あたりだったと記憶している．その後，論文の投稿準備を始めた頃に，留学先の研究室に受け入れ可能かどうか問い合わせを始めた．

　私の博士論文はエピジェネティクスに関するもので，ポスドク先もエピジェネティクスに関連するラボを探しつつ，できれば学生の頃とは少し違うテーマを扱ってみたいと考えていた．特に，私が留学先の選び方として一番意識したことは，そこでしか学べない技術，研究材料，アイデアをもっているかである．日本に似たような研究室があるのなら，そのようなところにはわざわざ行く意味がないと考えていたからだ．さらに，私は英会話が頭に「ど」が3つ付くほどのど下手だったので（今でも，「ど」が3つから1つに減った程度であるが），日本人が一人もいないようなところに行き，少しでも英会話力を向上させたいと思っていた．

　このような考えのもと，何人かのPIと面談をした結果，次世代シークエンサー（NGS）やHTS（high throughput screening）を利用し興味深い論文を次々に出していた，ブロード研究所（Broad Institute of MIT and Harvard；MITとハーバード大学が共同で運営）のAviv Regev博士の研究室に留学することになった．

留学後の刺激的な日々

　その後，建設中のスカイツリーを眺めながら成田空港に向かい，ボストンへと出発した．到着後1カ月ほどは，アパートの契約，銀行口座

の開設，車の購入やらでたいへんだった．日本語が一切通じない環境で，このような手続きをするのは人生ではじめてのことであったし，今思うとよく深刻なトラブルなどなくすべての手続きを終えられたものだと思う．下手をするととり返しのつかない事態に陥る可能性もあるので，誰か頼れる人がいるなら頼ったほうが無難かもしれない．

　肝心の仕事のほうはボスが非常に丁寧な方だったこともあり，そこまでアメリカと日本とのギャップは感じなかった．アメリカ人は周りへの気遣いがないというようなイメージをもつ方もいらっしゃるだろうが，私が留学した研究室ではそのようなことはなかった．実際，そういう人間がいないこともなかったが，日本とそれほど変わらないように思う．

　日本と大きく違ったのは人材と実験器具の豊富さである．特に，バイオインフォマティクスに関しては世界でも有数の研究機関だったと思う．また，私の留学中にちょうどCRISPRというゲノム編集技術が発見，開発されて，それを間近でみられたのはたいへん貴重な体験だったと思う．以上に加えて，幸運にも個性あふれるユニークな日本人が集う勉強会に参加させてもらい，大きな刺激となった．

日本の製薬会社の方との出会い

　そのなかで自分に一番大きな影響を与えたのは，日本の製薬会社から来られていた方々との出会いである．私は学生の頃，最先端の研究はアカデミアで行われており，企業の研究はただそれを製品開発に結びつけているだけで，誰にでもできるものと考えていた（ある程度は事実なのかもしれないが）．ところが，少なくとも私がボストンでお会いした製薬会社の研究員の方々は，アカデミアの研究者と同等以上の熱意と信念をもち，基礎研究の結果を本気で創薬に結びつけようと努力している，すばらしい研究者ばかりだった．このような研究者の方々との出会いを経て，はじめて民間企業への就職を考えだした．

　もちろん，すぐに民間企業一本にしぼったわけではなかった．日本の大学や研究機関に応募することも考え，知人に日本の状態などを伺った．しかしながら，私のような普通の研究者は足元にも及ばないほど優秀な先輩方が，PIではなく任期制の助教として帰国しているのをみるのにつけて，徐々に日本のアカデミアのポジションに魅力を感じなくなっていった．逆に，製薬会社の方からはNGS，HTS，エピジェネティクスの経験は非常に高い評価をいただき，いつの間にやら正式にポジションさえもらえれば帰国しようと決意していた．

製薬会社に職を得て帰国

　幸運にも，ボストンには毎年冬に製薬企業が募集に来てくださるジョブフェアがあり，気軽に応募することができ，私もそのときに面接を受けた．企業の面接というと非常に面倒な書類書きと，理不尽なほどの圧迫面接を受ける必要があると想像していたのだが，びっくりするほど温和な面接で，ほとんどただの雑談をしただけだった．日本の研究所で面接を受ける際にも，往復代の交通費と滞在費を支給していただいた．面接の雰囲気，提示していただいた待遇に一切不満がなく，断る理由が１つもなかったので，内定受諾書にすぐに署名をし，正式に帰国が決まった．

　製薬会社に希望が固まってから帰国までに困ったことといえば，アメリカで受ける必要があっ

た雇用前健康診断ぐらいである（日本とアメリカでは受けるべき項目にかなりの違いがあるらしく、かなり苦労した）。引っ越しの業者も会社のほうで手配していただき、料金もカバーされた。社宅を決める際にも会社経由で不動産業者からの斡旋があり、生まれてはじめて住むことになった関東での暮らしもスムーズに始めることができた。

はっきりいって、ポスドクでこれほどの高待遇を受けるのは、日本では民間企業以外では無理だろうと思う。給料はもちろんのこと、福利厚生を含めたすべての待遇について私は大事だと考えているので、たとえ金になる研究にしか原則として投資してもらえない環境でも、最後は全く迷わなかった。

なぜか日本のアカデミアには、給料を気にするなど研究者としてあってはならないような風潮があるような気がするが、アメリカの研究者はアカデミアでもいくらでも給料の引き上げを要求している。私のような考えの持ち主は日本では異端者扱いされるのかもしれないが、自分のお金でアメリカから面接を受けに行かなければならない日本のアカデミアのほうが異常であると私は思う。しかも本気で採用を考えてくれているのならまだしも、端から落とす気で面接によぶふざけた大学もあると聞いた。これから帰国先を探す人は十分注意されたほうがよいだろう。

なぜ就職に成功できたか

以上、留学中の就職活動に重点を置いて私の留学体験談を書かせていただいたが、民間企業を含めて帰国先を探しても苦労している人は多い。私が幸運にもあまり苦労せずに見つけることができたのはいくつかの理由がある。1つは私のなかに、基礎研究といえども究極的には人類の役に立つ研究をしなければならないという考え方があり、私の専門分野も比較的、実用に向いている傾向があり、学生時代からヒトやマウスなどの哺乳類細胞を扱い、ノックアウトマウスの解析なども行った。これまでに扱ったことがある生物種が、酵母、線虫、大腸菌という感じではおそらく製薬会社への就職は難しかっただろう。もう1つの理由は、やはり製薬会社の方々と積極的にコンタクトをとっていたことである。彼らの助言は本当に役立つものばかりであった。

就職先を見つけて帰国できたことはたいへん喜ばしいことであるが、私にとって留学して一番よかったと思うことは、数々の個性あふれる人々との出会いである。最先端の技術を学んできたといっても、所詮、数年もすれば廃れるものであるが、彼らとの出会いは一生の財産となった。最後に、アメリカでのすべての出会いに感謝するとともに、これから留学しようとしている冒険者たちの幸運を祈る。

（掲載 2015/11/19,
http://uja-info.org/findingourway/post/1508/ を一部修正）

外伝

外伝

第15章
大学院留学のすゝめ

武田祐史, 杉村竜一

　ここまでは, ポスドクから留学する場合を想定して解説してきました. 本章では, 大学院からアメリカに留学し博士号を取得するケースと, その後の進路について解説します. 大学院からの留学と聞くと難しいと感じるかもしれませんが, 大学院から渡米することでポスドクからでは得られない大きなアドバンテージを得ることができます.

　大学院留学準備のタイムラインを図1に, 大学院生活の流れを図2にまとめました. **日本との最大の違いは, 大学院生にはResearch Assistantとしての給料が支払われ, さらに授業料を払う必要がない**点です. ただし, コースワークの成績や研究業績がふるわなかった場合は退学となってしまうので, 1年目から, 海外生活に慣れるだけではなく学業にも全力で取り組み, 結果を残すことが要求されます.

1 なぜポスドクからではなく大学院留学か

　大学院留学はポスドク留学に比べて以下のメリットがあります. 詳しくは後のセクションで解説します.

第15章 大学院留学のすゝめ

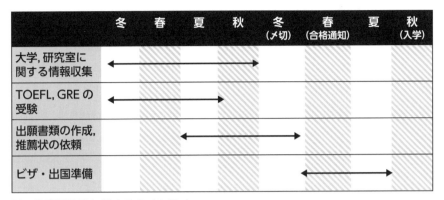

図1● 留学準備に関するタイムライン

アメリカの大学院の多くは秋（9月）入学で，入学願書の締め切りは前年冬（12月〜1月）です．多くの場合，出願に必要なものは，成績証明書，TOEFL（またはIELTS）およびGREの受験，CV（履歴書），推薦状（3通），Statement of Purpose（SOP；出願理由を書いたエッセイ．とても重要）ですが，大学や学科によっても応募書類が異なる場合があるので，事前の調査が大切です．研究室の探し方やCVの書き方，推薦状の頼み方のポイントはポスドク留学の場合と同様です（第3・5・6章参照）．留学準備は遅くとも出願の1年前から，理想的には2年以上前から開始するとよいでしょう．TOEFL，GRE対策やSOPの書き方などについての詳細や体験談は，カガクシャ・ネット／著「理系大学院留学—アメリカで実現する研究者への道」（アルク，2010）やカガクシャ・ネットのウェブサイト（http://www.kagakusha.net）をごらんください．

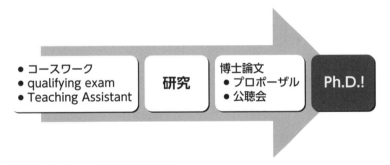

図2● アメリカ大学院生活の流れ

アメリカの場合，修士と博士はセットになっていることが多いので，日本での修士号の有無にかかわらず，少なくとも4〜5年は学位取得までにかかります．また，qualifying examとよばれる試験があり，これに合格することでPh.D. Candidate（博士候補生）として正式に扱われます．試験内容や実施時期，合格率は大学や学科によって大きく異なりますが，不合格になると修士号をもらって退学です．その後，博士論文のプロポーザル（研究計画書；qualifying examに含まれる場合もあり），博士論文を書き，公聴会（ディフェンス）を終えると晴れてPh.D.です！

✱大学院留学のメリット

❶ポスドクを始める前に差がつく

米国内で応募可能なフェローシップの存在を知り,ポスドク開始前に獲得あるいは準備していることは,次のキャリアを促進します.

また,英語だけでなく,米国での研究のしかたが身につきます.共同研究や人の使い方(**研究にもネットワークが重要です**.お互い助け合うこともあれば,競争相手とのシビアな駆け引きもあります)など,日本とは異なるコツがあります.日本では1つの分野に徹底的に深くなることが訓練されがちですが,米国では各技術のエキスパートたちを利用して大きな仕事を成し遂げるオーガナイザーたることを身に付けることができます.ポスドクとしてつたない英語で始めるよりも,効率がよいです.

❷研究者ネットワークが米国に構築される

共同研究先のPIたち(教授などラボ主宰者)や複数のPIから構成されるthesis committee※のメンバーは,将来の推薦状の書き手でもあります.

特にトップスクールのPh.D.プログラムや有名なPIのもとでは,学会の重鎮たちとの交流が院生のころから築けます.

さらに,大御所のPIをthesis committeeとして選ぶことで強い推薦状を確保でき,将来のキャリアアップにもつながります.

フェローシップやグラント,PI職に応募するとき,推薦状は3通以上必要です.重鎮たちの強力な推薦状があることは重要なファクターですし,アカデミア内外を問わず就職活動の決め手になります.

❸アカデミアや研究職に限らない多様なキャリア

アカデミアに限らず,企業就職や非研究職などがあります(後述2「アメリカ大学院卒業後の進路」で解説します).

※ thesis committee
博士論文審査会.メンバーは,基本的に院生が直属のPIのアドバイスを参考にしながら選ぶ.日本と違い,早い段階から定期的に招集され,アドバイスや批判を受ける.

✳ 大学院留学のデメリット

デメリットは以下のとおりです．

- 日本からのポスドク派遣留学と異なり，数年後の身分が保証されない．
- 日本とのコネクションが薄くなりがちなので，将来的に日本で働きたい場合は，日本とのつながりを在学中も絶たないように気をつける必要がある．しかし見かたを変えれば，日本にこだわらず広く世界で就職の機会をもてる．

留学前から将来のキャリアプランを描いておくことで，これらの問題点は解決できるはずです．

2 アメリカ大学院卒業後の進路

アメリカの大学でPh.D.を取得する人の数は年々増加している一方で，取得直後の就職内定率は年々低下しています．2014年の内定率は61.4％です[1]．就職内定率が日本よりも低い数字になっているのは（例えば京都大学博士課程修了者ではおよそ75％[2]），アメリカ人（またはグリーンカード保持者）の場合，博士論文を書き終えてから就職活動を始めることが多々あることが理由の1つです．

しかし，われわれ留学生の場合はビザの都合上，職が見つからなければ卒業後には母国に戻るしかなくなるので，アメリカに残りたい場合は**卒業の時点で進路が決定している必要があります**．

✳ 研究職以外も積極的に検討される

アメリカ大学院卒のPh.D.の就職の特徴として，アカデミアを離れるだけでなく，企業での研究開発以外の進路も積極的に検討している点があげられます（図3）[3)4)]．ただし，大学院でのトレーニングは研究を介したも

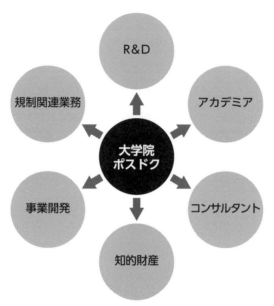

図3●アメリカ大学院卒の進路の例
Ph.D.取得後はポスドクを経てアカデミアや企業の研究職に就くケースが多いですが，研究から離れ事業開発（business development）やコンサルティング，知財関係のポジションにつくこともめずらしくありません．また，アカデミアでも教育を中心とした大学の教員になるという道もあるでしょう．

のであることがほとんどであるので，研究から離れることを希望する場合，在学中のインターンといった事前の準備が大切となるでしょう．

✲ビザが必要な外国人はやや不利

就労許可の取得の都合上や，ファンディングの対象がアメリカ人に制限されている場合があることから，ビザが必要な外国人には就職活動において若干不利な面がみられます．会社または大学が就労ビザのスポンサーとなるためのペーパーワークの費用と時間を考えると，それが不要なアメリカ人もしくはグリーンカードをもっている候補のほうが有利になるのは当然のことです．

3 卒業のタイミングとポスドクフェローシップの応募

アメリカでは，博士論文が完成したタイミングで卒業できる（逆に言えば完成しないといつまでも卒業できない）ので，いつ卒業するかをしっかりと計画することは，その後のキャリアにとって重要です．

✳ 強力なポスドクフェローシップ

ポスドクフェローシップに応募する目的は，厳しい競争の連続であるポスドク，そしてその後の研究者キャリアを有利にスタートさせることです．ここでのフェローシップとは，日本から持参するものと異なり，米国内の競争率の高い名門を指します．そのようなフェローシップのうち，学位取得後1年以内のものに

- Helen Hay Whitney Foundation：毎年7月1日が締め切り．Ph.D.取得から1年以内が申請可能
- Damon Runyon Cancer Research Foundation：毎年3月15日と8月15日が締め切り．Ph.D.取得から約1年以内が申請可能
- Jane Coffin Childs Memorial Fund for Medical Research：毎年2月1日が締め切り．Ph.D.取得から1年以内が申請可能

があります．これらのフェローシップをもつことは，米国でも一流研究者の卵としてみなされ，業績に加算されます．

✳ Ph.D.取得は，フェローシップ応募を見すえて行う

日本的な感覚でいくと，Ph.D.取得後にポスドク受け入れ先ラボを探し，それからフェローシップに応募するでしょう．場合によっては卒ラボに年単位で居残るでしょうが，米国ではラボも分野も変えることが推奨され，**卒ラボでのポスドク経験はネガティブにみられます！**（私の留学体験記⑮参照）

しかも，先のフェローシップの応募資格はPh.D.取得後1年以内です．

フェローシップに限らず「Ph.D.取得後何年以内」という制限が，ポスドクやその後のキャリアのあらゆる場面で利いてきます．日本的な感覚で，博士論文の公聴会（ディフェンス）後に開始しては手遅れになりかねません．

所属しているラボの財政事情やthesis committeeの先生方のスケジュールに左右される場合もありますが，その年度のフェローシップ締め切りが間にあわなければ，公聴会を数カ月〜1年延ばすのも手です．時計は公聴会日から刻みはじめます！

◆　◆　◆

多くの優秀なポスドク候補は，公聴会の半年以上前にインタビュー（面接）し内定をもらい，それから応募する一連のフェローシップの締め切りから逆算して公聴会日を決めます．ポスドクを実りある時期にするためにも，有利なスタートを切ることが大切です．

筆者（杉村）はこれらの事情を知らず，公聴会後1年半も卒ラボに居残りフェローシップ応募もポスドク先探しもしなかったのですが，これは明らかな失敗でした．公聴会日を賢く設定してタイミングを調整することで，卒業間際の最も大事な期間をフル活用してください！

4 アメリカ大学院卒業後のポスドク探し

✱ 空きのある研究室を探す

アカデミアへのポスドク探しは，すでにアメリカに来ているということもあって比較的簡単です．興味のある研究室を探して，PIにCV（履歴書）を添えてメールを出すという一連の流れは，大学院留学の際にもやったことなので難しくはありません．CVやメールの書き方も大学院留学前に比べれば格段に上達しており，メールの返信が大学院留学前よりもらいやす

くなった気がしました．

しかし，受け入れられるかどうかは結局のところ，ラボにポスドクを雇うだけのお金があるかに依存します．ポスドクの空きがある研究室を探す方法はいくつかあります（第3章参照）．大学や学会，研究室のウェブサイトやGlassdoor, LinkedIn, Naturejobsなどに公募が出ていることがあるので，見つけしだいアタックしてみましょう．

✻ネットワークを活用する

さらに効率がよいのは，ネットワークを活用することです．筆者（杉村）の所属ラボは，直接結びつきのあるラボの出身者しか採用しないという雇用習慣をもつため，日本で成果を上げていたが知らない研究室の出身だったため断ったという事例もあります．

ポスドク採用はそのラボの生産性や雰囲気を左右する重要イベントなので，お互い素性が知れていないと採用の二の足を踏むことは理解できます．そのため，アメリカにすでにいてボスどうしが結びついていることは武器になります．

✻自分でコネをつくる

筆者（武田）の場合はそのようなツテがなく，タフツ大学の研究室に受け入れていただいたきっかけは，現地訪問によって得たコネによるものでした．

研究室訪問と並行して，ボストン在住のある日本人研究者の方にコンタクトをとり，留学中の様子や研究生活についてお話を聞かせていただきました．その際に「タフツ大学で知り合いがラボを最近立ち上げたんだけど，紹介しようか？」というありがたい申し出をいただきました．この紹介を機にコンタクトをとり，渡米前は全く存じ上げなかった先生との面談が実現しました．この面談がきっかけとなって，その研究室に所属してPh.D.を

取得することになりました．

このように，何もないところから生まれたコネがきっかけとなって，留学先が決まることになりました．この例から**主体的に動くことは留学経験を成功に近づける秘訣**であると感じました．留学相談の際に「コネがないのだけど，どうしたらよいか？」といった質問をよく受けますが，**コネがないなら自力でつくるべき**です．

✳ セミナーを活用する

また，アメリカ（特に大学が密集している都市）では至るところで毎日のようにセミナーが開かれていますが，そこで教員どうしが自分のデータを発表していたり，情報交換をしている場合があります．セミナーの講演者とランチをする機会があれば，それに参加することで自分を知ってもらうことができます．そこで「じつは今ポスドクのポジションを探している」という話をすると，ポスドクを募集している研究室の情報を教えてもらえたことがありました．

✳ 企業のポスドクポジション

なお，近年では企業もポスドクのポジションをつくっています．企業は基礎研究の価値を再認識しはじめ，アカデミアは研究を商業化したいと考えはじめており，**アカデミアと企業の研究の境界がだんだんとなくなってきている**のが背景にあります[5]．

これらのポスドクは，製品開発に直接かかわるというよりは，ターゲットとなる分子を見つけるとか病気にかかわるメカニズムを見つけるといった，アカデミア寄りの基礎的な研究を行っています．企業のポスドクポジションはアカデミアと同様に論文を出すことを推奨しているようですが，論文がゴールではなく，論文出版をきっかけに製品化に結びつけることが目標であるようです．

一方で，企業によってはポジション名がポスドクでなくても実質的な待遇はポスドク同様だったとか，企業研究職の下積みという立ち位置で，特許は出せても論文を出す機会がないという話も聞きます．企業のポスドクといっても制度が統一されているわけではないので，各自でネットワークを駆使して応募先の会社やポジションについて調べる必要があります．

5 いつポスドクに区切り（見切り）をつけるか

✱ 5年以上はしない

ポスドクはreal jobではありません．あくまでも次のステップに進むための過渡期です．ポスドクに区切り（見切り）をつける時期がきます．

筆者（杉村）は競争の激しい分野にいますが，そこでは

「私はポスドク2年目の終わりなのに論文をまとめるだけのデータがない．今がポスドクに見切りをつけるかどうかの決断時期だ」

「3年目に小さな論文が通ったときは50校応募してもPI職に受からなかったのに，4年目に一流紙に受かったら複数の中堅〜一流校からオファーがきた」（日本と異なり，複数のオファーを獲得して天秤にかけることはふつうです）

「5年たって論文がないから研究職はやめる．決断が遅すぎた」

と聞きます．もちろん例外はあるでしょうが，あえて同僚らの声をまとめると，**2年経ってプロジェクトの芽が出ていないなら見切りをつける，5年以上ポスドクはしない**．厳しいようですが，アメリカの研究費獲得の難化を端的に表しています．日本からのポスドク派遣留学（医局員や助教として籍を残す）と違い，ポスドク期間や進路を自分で決める必要があります．

✱ 在学中だからできるキャリアアップの準備

　しかし，在学中に準備すればキャリアを促進できます．例えばNational Cancer Instituteの主催する**F99/K00フェローシップ**です．応募資格はアメリカの大学や研究機関に在籍する院生であること．アメリカ国籍は不要でビザでOK．フェローシップ合格の決定までにPh.D.をとっていてはならない．つまり卒業までに1年以上あって，ポスドク先のラボがまだ決まってない人が対象です．おそらくアメリカでも最高峰の院生に与えられる栄誉あるフェローシップですが，せっかく大学院留学したのですからぜひとも挑戦したいですね．

　すでにF99/K00の対象に外れていても，院生の間なら前述のタイムコースやフェローシップの存在を知り，行動に移す時間はまだあります．大学によっては院生向けのフェローシップ説明会が定期的に催され，院生フェローシップや院在学中に視野にいれておかねばならないポスドクフェローシップの情報がカバーされます．ポスドクになってしまってからでは遅いですが，優秀な人材にはいくらでもよい機会があるのが大学院留学のメリットです．

6　アメリカ企業就職への険しい道

　就職活動の競争は近年激化しています．製薬企業の研究者の求人広告には，1〜3年のポスドク経験が必要と書かれていることが多いです．しかしこの応募要件は厳密ではないようで，実際にはコネやマッチングしだいでPh.D.取得直後の人を雇うこともあります．

　筆者（武田）が応募したある製薬企業の研究職の場合は，倍率が約70倍で，そのうち書類選考上位6人を電話面接にかけ，そこから3, 4人に絞って最終面接を行っていました．この数字は人事の方からたまたま直接教え

ていただいたものですが，一般的にはポジションによって応募数は異なり，またマッチングのしやすさによって競争の厳しさも変わってくるでしょう．

✳ 成功へのアプローチ

企業への就職活動を成功に近づけるアプローチは，大きく分けて2つあります．

❶ 履歴書をしっかり書く

1つ目は，履歴書をしっかり書くことで書類選考を通過できるようにすることです．

履歴書の書き方についてはカガクシャ・ネットや大学のキャリアセンターのウェブサイトなどあらゆるところで紹介されていますが，読みやすい履歴書をつくるだけではなく，応募するポジションに合わせて強調するポイントを調整することも大切です．就職活動前から履歴書を更新する癖をつけましょう．

募集要項に書かれている企業が求めるスキルと自分のスキルを見比べることで，希望するポジションに就くために自分に何のスキルが足りないかがわかります．こうして院生やポスドクの間にそのスキルを学べるよう計画を立てることができます．

❷ ネットワーキング

2つ目はネットワーキングです．

ネットワークは就職先を直接得るためだけではなく，進路に関するアドバイスや情報を得るという観点からも非常に大切です．ラボや学科の卒業生の先輩にInformational interview（希望する職種に就いている方と直接話して仕事に関する情報を得ること）をすることは非常に有効です．LinkedInを使って会ったことのない大学の先輩の方にコンタクトをとり，進路相談をするというのは，アメリカでは一般的です．

日本人はそれほどアメリカ企業で働いていないという悲しい事実がある

ので，大学院で培った英語でのコミュニケーション力をフル活用して**卒業前から戦略的にネットワークを広げていきましょう**．

◆ ◆ ◆

アメリカ大学院留学の全体像と卒業後の進路，フェローシップの情報をカバーしました．自分の進路を決めるのは自分です．早くから明確なビジョンをもって役に立つネットワークをつくりましょう．

Shape your vision earlier and get your career rolling…!

◆ 文献

1) Inside Higher Ed ホームページ：The Shrinking Ph.D. Job Market
 https://www.insidehighered.com/news/2016/04/04/new-data-show-tightening-phd-job-market-across-disciplines
2) 京都大学概要 2015：進路・就職状況
 http://www.kyoto-u.ac.jp/ja/about/public/issue/ku_profile/documents/2015/15.pdf
3) Fuhrmann CN, et al：Improving graduate education to support a branching career pipeline：recommendations based on a survey of doctoral students in the basic biomedical sciences. CBE Life Sci Educ, 10：239-249, 2011
4) 「Career Opportunities in Biotechnology and Drug Development」(Friedman T), Cold Spring Harbor Laboratory Press, 2009
5) Wong GHW：Consider post-doctoral training in industry. Nat Biotechnol, 23：151-152, 2005
 http://www.nature.com/nbt/journal/v23/n1/full/nbt0105-151.html
6) United States Citizenship and Immigration Services ホームページ：What is E-Verify?
 https://www.uscis.gov/e-verify/what-e-verify

学生ビザと OPT，CPT

武田祐史

　アメリカの大学・大学院を卒業した場合，就労ビザ（H-1B）を得なくても，学生ビザ（F-1）の Optional Practical Training（OPT）制度を利用することで，最大1年間働くことができます．また，STEM（Science, Technology, Engineering, and Mathematics の略．いわゆる理系のこと）分野の場合はさらに2年間延長（合計3年）することができます（雇用主が E-verify システム※に登録されているという条件つき）．在学中は通常は Research Assistant や Teaching Assistant として学内でしか働くことはできませんが，F-1 ビザの Curricular Practical Training（CPT）制度を利用することで，インターンなどとして学外で働くことができます．
　CPT と OPT の有効期間は合わせて1年間しかないので，いつどれだけの期間働くかを事前に計画しておく必要があります．

※　オンライン上で就労許可をもっているかを調べることができるシステムです[6]．アメリカ人しかいない（小さな）会社や起業する場合はこのシステムを使用していないため，OPT 延長の適応外になります（使っていない企業の場合，グリーンカードかアメリカ国籍を求めてくるので，書類の段階でたいてい落とされます）．

column

大学院で得られる人脈

武田祐史，杉村竜一

　大学院留学で得られる一番の人脈は，ラボメイトと指導教員です．特に同時期に入学したラボメイトだと切磋琢磨し，長年にわたりお互いの刺激になる関係となりえます．また院生どうしはネットワークをもっていて，特にビッグラボだとラボ内の卒業生ネットワークが強く，アカデミア・企業を問わずキャリアにつながる人脈を広げられます．PIにとって（ポスドクと違い）大学院生は「教え子」であり，卒業後も指導教員とは推薦状の依頼などで連絡を頻繁にとりあうこととなります．

　学生どうしのつきあいにおいては，アメリカ人とよりも（日本人に限らず）留学生どうしでつるむことのほうが多くなりがちです．筆者（杉村）の場合は，留学生どうしで勉強会を立ち上げたのが今の自分の土台になっています．分野はみんなバラバラでしたが，毎週非常に濃密かつアグレッシブな議論を楽しみ，そこで卒業後の今でも定期的に会う畏友ができました．

元ラボメイトが面接官!?

武田祐史

　筆者（武田）がある会社へ応募したところ，書類審査を無事に突破して面接の連絡が届きました．その頃になって，「そういえば昔ラボにいたXさんがこの会社で働いてたっけ」と思い出し連絡してみました．どうやらその方と同じ部署に応募していたようで，「履歴書読んだよ」といって，面接のフォーマット（自分の研究に関するプレゼンテーションと1対1の面接）と対策を教えていただきました．

　激烈に感謝しつつアドバイスを頭に叩き込み，本番の面接に挑みました．驚いたことに，その元ラボメイトのXさんがプレゼン前に私のことを聴衆の社員さんたちに紹介してくださり，なんとその後の1対1面接の相手もXさんでした．後から思い返すとXさんが書類選考の際にも推薦してくれたのかもしれません．人のつながりって大事ですね！（結局その会社には行かなかったのですが…それは別のお話です）

私の留学体験記 ⑮

海外大学院留学後のキャリアパス
〜Visionをもって，早くから準備を

留学先 ● ストワーズ医学研究所（アメリカ）
期　間 ● 2008〜2014年
誰　と ● 単身

杉村竜一（ボストン小児病院／ハーバードメディカルスクール）

大学院留学後のキャリアパス情報の少なさ

アメリカにおける生命科学系の日本人大学院生（Ph.D.プログラム）は260人と報告されており，ポスドクに比べ10%以下なのが現状です（National Science Foundation，2009調べ）が，そのぶん彼らのキャリアパスに関する情報が少ないのが現状です．私の経験がその一助になればと思います．

実際に私は田舎の大学院にいたため，キャリアパスの情報が限られていたこともあり非常に苦労することになりました．かなり回り道し，現在はボストンでポスドクをしています．業績を出しただけでは，Visionとキャリアに対するアイデアがなければ次につながりません．非常に個別的な体験談ですが，大学院留学を控えた，あるいはすでに留学中の読者の皆様にとって学ぶこともあるかと思い，筆を執りました．

米国でPh.D.を取得しCellに論文が載る—絶頂期，そして留学当初のVisionを忘れる

私は医学部を卒業後，臨床をせずにそのままアメリカの大学院に留学しました．当時の留学体験記は他の媒体に複数書いてきたので，そちらを参考にしてください注）．今回は卒後のキャリアパス経験にしぼります．

留学して4年後に無事Ph.D.を取得し，同時期にその仕事もCellという一流誌に掲載されました．この時期，別ラボの後輩から「君の成功の秘訣を聞かせてほしい」と相談されたものです．端的にいうと浮かれていました．次の進路をどうしようか考えもせず，せっかくもう1本論文が投稿できそうだからまずはそれを仕上げようと進路決定を先延ばしにしました．**基礎科学の発見を臨床につなげたいというVision**をもって留学したにもかかわらず，それを忘れて継続中の仕事のことだけを考えるようになり，論文を出すという手段が目的となってしまっていました．Thesis committeeメンバーたち（博士論文審査員）から「遅くとも卒業の半年前からポスドク先のラボとコンタクトをとるものだ」といわれていたのですが，せっかくの助言に従わなかったのは自分の無知とVisionの喪失からくる失敗だと後に気づくことになります．

Ph.D.取得後，卒ラボにとどまるという安易な選択—転落編

日本では卒ラボにとどまり内部昇進することが多いようですが，アメリカではアカデミアに進むうえでラボも分野も変え，新たな経験を積むことが奨励されます．つまり，まぐれヒット

で卒業できたのでなく，「異分野でもOK」＝「コンスタントに成功する人材」か試されています．卒ラボに残る＝「企業に受かり仕事開始日までの時間潰し，すなわちアカデミアには進まない」ととらえられることがあります．もしアカデミアに進む場合，「（異分野へのチャレンジ精神の欠如）lack of ambition」の烙印を押されることさえあります．

　私はこの事実を知らなかったため，卒業から1年半，卒ラボに残ってしまいました．続きの仕事が順調だったので「もう1本Cellを出せばPI職に応募できる」という安直な期待をしていました．しかし現実は厳しく，その仕事は難関にぶちあたり予想ほど芽が出ないことに気づきました．論文も難航し競合相手に先を越されました．ちょうどこの頃，先ほどの後輩から「今度は君が失敗した理由を教えてほしい」といわれたものです．論文にこだわって何年も居残るという道もありますが，冷静に考えるとこの論文が自分のキャリアにとってどれくらい足しになるのだろう，CellやNatureならともかくそのレベルの仕事ではないことはすでにわかっています．もちろん論文を出すことは科学の貢献に重要ですが，それは自分ではなく十分に時間のあるラボメンバーに引き継いでもできます．ましてやコレスポでもないので厳密には自分の仕事とはいえません．基礎科学の発見を臨床につなげたいという当初のVisionに則れば，**基礎と臨床の接点となるキャリアパスをめざしてすぐに職場あるいは職そのものを変えるべきです**．しかしVisionを忘れている状況でひたすらに悶々とした期間を過ごし，Ph.D.取得から1年半たってしまいました．

　もちろんアメリカでも卒ラボに残って仕事を仕上げることでキャリアにつながる例もあるでしょうが，私自身そのような例をみたことがないので言及できません．よい仕事がまとまりそうなら卒業を先延ばしにすることは多々ありますが，卒後も居残って続けることはあまりお勧めできません．ちなみにハーバード周辺ですと，活躍したポスドクが内部昇進してインストラクターという半独立あるいは若手独立扱いのポジションに着く例も多いですが，院卒業直後は当てはまらないと思います．

留学当初のVisionを思い出し，ポスドクに挑戦

　ついに1年半をムダにしたと悟った2013年の終わり，いったん日本に戻りました．ほんの1週間でしたが，同年代の研究者たちと会うことで自分のキャリアを見直す機会になりました．今まで論文や継続中の仕事にかまけて，基礎科学の発見を臨床につなげたいというVisionを忘れていたことに気づきました．VisionがあればStrategyは決まります．**基礎と臨床の接点となる研究室でポスドクをしようと決めました**．基礎科学のレベルが高いだけでなく，基礎と臨床の間に壁がないPIと働こうと思いました．

　ここで行動を起こさないと後がないと思い，アメリカに戻った翌日からポスドク候補の研究室へ次々にメールを送りました．ポスドク探しの経緯はブログに詳細に書きましたし，日本で学位をとって海外へポスドクで来る場合の例とあまり変わらないので，ここでは割愛します．結果としてハーバードにある有名研究室でポスドクをすることになりました．この時期，卒ラボのPIのツテで中国での独立や他のアジア圏での半独立ポジションの話がありましたが，自分の

Visionとそぐわないため断りました．

ちなみにアメリカでは卒後の居残り期間はポスドクトレーニングとはとらえられず，単に仕事が終わってなかっただけ，あるいは企業での仕事開始日までの時間潰しとみなされます．しかしPh.D.取得後の期間にカウントされてしまうので，例えばK99のようなアメリカの独立グラント申請期限（Ph.D.取得後4年以内）のカウントダウンは刻まれます．またPh.D.取得後，申請期限が1～2年しかない有名フェローシップも複数あります．私の場合は危惧したとおり，ポスドク開始時にはこれらのフェローシップ（Damon RunyonやHelen Hay Whitneyなど）の申請資格を喪失していましたが，これはしかたありません，自己責任です．

ポスドク後のキャリアにとって重要なファクターとは

ポスドクの後，PIをめざす場合について重要なファクターを書きます．もちろん業績が重要ですが，それ以外のファクターで業績をカバーできたり，あるいはせっかくの業績をダメにしてしまうマイナスファクターもあります．

私が現在所属するハーバードメディカルスクールでは毎月いくつものキャリアアップセミナーがあり，キャリア情報を収集し自主的に応募すること，ネットワーキングをすること，そして自分の売り込み方を習得することを強調されます．常にキャリア情報に対してアンテナを張り巡らすことが重要です．以下にハーバードでのキャリアセミナーの一例として「Regardless of PubMed, how to build your career」から紹介します．端的にいうとネットワーキングです．
① Networking, networking, networking! 人脈を広げましょう．推薦状にも効いてきます．
② Speak as often as you can. とにかくいろんなミーティングで発表して自分を印象づけます．
③ Collaborate well. コラボは自分の仕事に役立つだけでなく，推薦状やキャリアに直結します．
④ Travel. すなわちミーティングに参加したり，ふらっと旅行に行った先でも大学を訪問してセミナーしましょう．
⑤ Share reagents. 他人に親切に．
⑥ Be interested in other people's science. コラボを組むうえで，相手のサイエンスのおもしろさがわかることが大事です．

また，**Ph.D.時代のPIの推薦状とポスドクメンターの推薦状**はアカデミアに進むうえでアメリカでは非常に重きをもちます．フェローシップやPI職応募に必要です．もし，何らかの理由でPh.D.時代のPIの推薦状が得られない場合，アメリカのアカデミアでは絶対的に不利となりますが，まっとうな理由があればポスドク時代のメンターの推薦状にてその旨を明記してもらうことでレスキューできることもあるそうです．また，なかには推薦状を酷く書くことで嫌いな部下のキャリアを閉ざすPIがいるのも事実です．こうしたPIのもとに行かないよう，ラボ選びにおける情報収集は大事です．候補ラボの出身者が知り合いにいれば，出身者たちの進路やその就活状況，そこにおけるPIの行動（どれくらいサポートするか）を聞いておきましょう．

メッセージ―遅くともPh.D.取得半年前からキャリアパスの準備を

「この論文が出れば，あるいははこの仕事がおもしろくなれば自動的にキャリアが降ってくる」，という思考様式は，少なくともアメリカでは通

用しにくいようです．もちろんある程度の業績とサイエンスへの情熱は必要ですが，それらはこの業界でステップアップする前提（prerequisite）のようです．その根底には近年のNIH（国立衛生研究所）予算削減など研究業界への風当たりの厳しさもあるでしょう．現状を考慮すると，アカデミアだけにこだわるのはあまり得策ではないかもしれません．大学院留学後はアカデミアに限らず多様なキャリアパスがあります．起業したり，コンサルタント，医師や弁護士になったりさまざまです．

　これから留学を控えた，あるいは留学中の院生の方々にはぜひとも早い段階から，遅くともPh.D.取得半年前からキャリアパスを意識していただければと思います．そのために情報や前例となる先輩は必須です．仕事やサイエンスの内容だけでなく，キャリアについても話せる環境，友人に恵まれることは非常に大切です．その点，留学先としてボストンは田舎に比べてかなり恵まれた環境といえます．留学先選びのファクターとしてラボのレベルや興味だけでなく，キャリア情報の得やすさも大切だと思います．

《注》これまでの留学体験記

・週刊医学界新聞2013年：海外の大学院博士課程で基礎医学を学ぶ
https://www.igaku-shoin.co.jp/paperDetail.do?id=PA03018_02

・週刊医学界新聞2010年：基礎医学で米国留学，3年目の振り返り
http://www.igaku-shoin.co.jp/paperDetail.do?id=PA02890_03

・海外ラボレポート2015年 BioMedサーカス：研究の時流
http://biomedcircus.com/special_01_10_1.html

（掲載2015/07/16,
http://uja-info.org/findingourway/post/1269/を一部修正）

私の留学体験記 ⑯

子連れネコ連れエジンバラ留学体験記

留学先 ● エジンバラ大学（イギリス）
期　間 ● 2010〜2012年
誰　と ● 夫，子ども，ペット

小林純子（北海道大学大学院医学研究科）

　2010年12月より2年間，当時生後7カ月だった娘と6歳のオス猫を連れ，日本学術振興会海外特別研究員として英エジンバラ大学に留学していました．幸いなことに夫も同時期に海外特別研究員に採用され，家族そろっての研究留学生活となりました．この体験記では，私のように子ども，もしくはペットを連れて研究留学をしたいと考えている方に少しでも参考になればと思い，私の経験をご紹介したいと思います．

留学決定！ーー長女出産まであと1カ月

　2010年3月，補欠合格となっていた海外特別研究員への採用が決定しました．そのとき，私は妊娠8カ月．3月末の学会発表を最後に，それまで暮らしていた北海道から，夫の住む仙台へと移り住みました．4月末に娘を出産し，12月の留学出発までの間，職場の先生方のご厚意により育児休暇をとらせていただき，仙台で夫とともに育児をしながら留学準備に取り組むことになりました．

娘の渡航準備

　娘の離乳食が始まった夏の終わりごろから，留学準備を本格的に始めることになりました．エジンバラで仕事をするにあたって欠かせないのは，日中娘を預かってくれる保育園です．私たちの場合，夫の努力とエジンバラ大学の方の協力により留学前に住むところが決定していたので，Google mapで自宅近くの保育園を探し，片端からメールで連絡をしてみることにしました．しかし，待てども待てども返事は来ません…．留学出発まで1カ月を切ってもどこの保育園からも音沙汰がない状況でした．思いきって保育園に問い合わせの国際電話をかけるも，早口の英語についていけず「メールを送ります」と伝えるのが精いっぱいでした．けれど，結局その保育園からメールの返事は届きませんでした．そうこうしている間に出発の日が近づいてきました．このまま決まらなければ現地に到着してから探すしかないか…と半ばあきらめかけていたとき，1つの保育園から返信のメールが来ました．「受け入れOK」とのこと．面談の日時を相談して，なんとか仕事はじめに間に合うことになりました．

ネコの渡航準備

　私には大学院生のときから飼っている愛猫がいます．留学が決定したときも，日本に置いていくという選択肢は私にはありませんでした．当時6歳．2年の留学を終えて帰ってくるときには8歳になりますが，まだまだ飛行機移動には耐えられる年齢です．留学が決定したとき，一番早く準備を始めたのはネコの手続きでした．なぜなら，イギリスは日本と同じく狂犬病フリーの島国であるため，狂犬病を持ち込まないために

狂犬病ワクチンを接種し，抗体価が上がっていることを所定の検査機関で確認したあと，6カ月間国内で待機する必要があったからです．

まず，個体を識別するためのICチップを動物病院で装着してもらいました．その後，狂犬病ワクチンを2回接種してもらい，採血して得られた血清を検査機関に送付し，抗体価の測定をお願いしました．日本ではイヌへの狂犬病ワクチン接種は義務づけられていますが，ネコへの投与は一般的ではありません．動物病院の獣医さんに事情を説明し，英語で書かれた診断書の作成やイギリス入国時の検疫に関する書類へのサインをお願いしました．基本的に書類はすべて自分たちで用意してあらかじめ鉛筆の下書きをしておき，獣医さんにはそれを見ながら書いてもらうようにしました．ICチップの装着から抗体価の測定結果が出るまで，2カ月ほど動物病院に通うことになりました．

航空会社によってはペットを機内に持ち込むことができるのですが，私たちが利用したBritish Airwaysはペットを機内に持ち込むことができませんでした．また，個人の手続きによるイギリスへのペットの持ち込みは認められていないため，日本通運にお願いしてネコの渡航準備を進めました．出発前48時間以内に駆虫薬の投与と獣医による健康診断書を得る必要があったため，出発間際にも動物病院に行かねばなりませんでした．

いよいよ出発！

ビザも無事に取得でき，出発が近づいてきました．しかし，仙台を離れる数日前に娘が突然発熱しました．生まれてはじめての高熱です．引っ越し準備でてんやわんやでしたが，娘を近くの小児科に連れていき，海外に渡航することを伝えて解熱剤を多めに処方してもらいました．

《写真1》2010年12月，成田空港にて

そしていよいよ渡英の日，前泊した上野のウィークリーマンションを日の出とともに出発し，始発電車で成田空港へ向かいました．成田空港に到着するとまずネコを預けに行きました．ネコの引き渡しは空港ターミナルから離れたビルで，かけつけてくれた実姉と夫の母とともにみんなで移動しました．ネコにお別れを言い，無事にヒースロー空港で会えるように祈りながらターミナルビルに戻りました．宅配便で送った荷物を受けとり，チェックインを済ませればいよいよ搭乗です．疲れた娘は抱っこ紐の中ですやすやお休み中．おでこには冷えピタ．とにかく無事にエジンバラの家までたどり着けますように．祈る気持ちで飛行機に乗り込みました（写真1）．

エジンバラまでの道のり

ペットをイギリス国内に持ち込むにはヒースロー空港で検疫を受けなければなりません．ネコの検疫が終わるまで4時間ほど空港近くの検疫所で待つことになりました．検疫が終わったころには外はもう真っ暗．エジンバラ行きのフライトは翌日となるため，タクシーで空港近く

のホテルに移動しました．長時間のフライトにもかかわらずネコはとても元気にしていて，ホテルに着いたらまずゴハンを食べ，排泄もしました．移動中のネコのために，あらかじめ布製の簡易トイレと軽い紙の砂を準備しておきました．私たちのネコがあまり神経質ではなかったので，このような移動にも耐えられたのかもしれません．

エジンバラ行きの飛行機は遅れていましたが，搭乗すればもうエジンバラは目の前です．エジンバラ空港には，車を購入する際に知り合った親切なスコットランド人の男性が迎えに来てくれていました．そして，なんとか無事にRoyal Mile近くのホテルにたどり着きました．ペットと一緒に宿泊できるホテルは出発前に夫がインターネットで探して予約しておいてくれました．滞在中はペットがいる旨を伝えておき，清掃などで部屋に人が入ってこないようにお願いしておきました．

翌日には，不動産会社を訪れて家の本契約を済ませました．事前に借りるフラットは決まっていたので契約書にサインをし，鍵を受けとるだけでしたが，それでも早口の英語（おそらくスコットランドなまりの）が聞きとれず，スコットランド人の友人の助けがなければ無事に契約できなかったと思っています．その後，ロンドンの日本語が通じる中古車販売店で事前に購入していた車を受けとり，仙台を出発してから6日目にようやく生活の場を落ち着けることができました．ネコもひとしきり新しい家を探索し，ほっとした様子でした（写真2）．

《写真2》新しい家を探索するネコ

生活用品はIKEA，赤ちゃんグッズはMothercareで手に入れるのがよい

借りたフラットは家具つき2LDKで家賃は月700ポンドほどでした．大きな通りから離れた静かな住宅街で，寝室の窓からはエジンバラのシンボルでもある丘，Arthur's Seatが見えました．近所には大型スーパーマーケットがありましたが，広すぎてどこに何があるのかを把握するだけで時間がかかり，必要なものを探すのも一苦労でした．スーパーマーケットの子ども服売り場の片隅には，おむつ替えコーナーと授乳スペースがついていました．イギリスのおむつ交換台は横向きに設置されているため，おむつを替えるために体をひねらないといけません．日本のおむつ交換台は正面を向いており，赤ちゃんの足の下から手を入れておむつの交換ができるので，"ちょっとした使いやすさ"の工夫が日本の製品にはあふれていることを実感しました．

食料品やおむつなどの赤ちゃん用品はたいてい近所の大型スーパーで手に入りました．スーパーで手に入らない生活用品は，郊外にあるIKEAに行けば見つかることが多かったです．赤ちゃん用品はMothercareという赤ちゃん本舗のイギリス版のようなお店が充実していました．

それぞれラボのボスへのあいさつをすませ、保育園の本契約も済んだ頃、ちょうどクリスマスシーズンに入り、年明けの仕事はじめまで生活のセッティングに時間を割くことができました．

エジンバラでの子どもの食事事情と保育園生活

娘の保育園は現地の子どもたちが通う、日本でいうところの私立保育園のようなものでした．保育時間は朝8時〜夕方6時まで．延長保育はありません．料金は家賃よりも高く、月800ポンドほど支払っていました．食事が3食ついており、平日の子どもの朝食と夕飯をつくる労力は省けました．ただ、味覚が発達する赤ちゃんの時期に日本食をしっかりと食べさせてあげられないことに少し不安も感じていました．保育園で出される食事はシリアルやリゾットなど簡単なものが多く、1歳くらいの子にもチョコレートやクリームたっぷりのお菓子がおやつとして与えられていたので、日本の保育士さんが知るときっと仰天すると思います．

私は現地での食事や赤ちゃん用品に不安があったので、保存の効く離乳食やおむつをできるだけスーツケースに押し込んで留学しました．イギリスの離乳食は、1歳半向けのものでもチューブや瓶に入ったペースト状のものしか売っていませんでした．野菜をふんだんに使い、成長に合わせて調理方法を変える日本の離乳食は手が込んでいてすばらしいとしみじみと思ったものです．週末はなるべく自炊をして日本の食事を与えるようにしていましたが、外食すればFish & Chipsや子ども向けのマカロニチーズぐらいしか食べさせられるものがなかったので、小さい頃の食生活にはよくなかったと思っています．

《写真3》保育園のお友だちの1st Birthday Party

エジンバラではほとんど食べてくれなかったお米やお魚も、日本に帰ってくるとよく食べるようになったので、小さい子でも味の違いがよくわかっているのだと感じました．

娘を連れて留学してよかったのは、子どもを通じて仕事以外の人と接する機会がもてたことです．留学期間中に何度か保育園のお友だちのお誕生日パーティーにおよばれしました（**写真3**）．エジンバラは雨が多い土地なので、大きな室内遊び場がたくさんあり、ほとんどの遊び場には誕生日パーティーができるような部屋がついています．プレゼントをお友だちに渡し、遊び場で1時間ほどお友だちと元気に遊んだあと、部屋に集まって軽い食事をとったり、ゲームをしたりしながらお誕生日のお祝いをするという流れでした．娘は人見知りするほうですので、保育園で毎日遊んでいるお友だちと一緒にいる時間は楽しめたようでした．

保育園での思い出

文化や生活習慣の違いに驚くことは多かったですが、保育園のスタッフがしっかりと面倒をみてくれていたおかげで、娘も楽しく保育園生活を送ることができ、私も安心して研究に打ち込むことができました．口頭で伝えられなかっ

たことは，保育園のノートに英語でしっかりと記すことで，スタッフとのコミュニケーションもとれ，保育園での娘の様子もよくわかるようになりました．娘の通っていた保育園では，保育園で撮影した子どもの写真とそれぞれの子の成長具合を記した1冊のファイルを1人ひとりのためにつくってくれていました．帰国時にはそのファイルをいただき，今でもときどき娘と一緒に眺めてエジンバラでの生活を振り返ります．われわれ家族の大切な宝物のアルバムです．

エジンバラでの保育園生活で1つ，記憶に残るエピソードがあります．娘を預けはじめて数週間たったとき，娘のお迎えどきにスタッフの方が怪訝な顔で1枚の写真を見せてきました．それは蒙古斑の写真でした．われわれ黄色人種にみられる蒙古斑は，白色人種にはありません．保育園のスタッフがおむつ交換のときに娘のおしりを見てギョッとしていたようです．「もしかして虐待を疑われていたのかな…」なんて思いながら，人種の違いを実感した瞬間でした．

エジンバラでの子どもの病院

子どもを連れて海外に行く場合は，病院の事情も気になるところです．イギリスでは6カ月以上滞在する場合は，イギリスの保険制度（NHS）に加入することができます．そのためにはまず，かかりつけ医（General Practice, GPとよびます）を決めなくてはなりません．娘の場合，熱が出たままエジンバラへ移動したため，到着後すぐにお医者さんに診てもらいたいと思っていました．自宅近くのGPをあらかじめ探しておき，到着後すぐにGPを訪れて登録し，その場で診察を受けることができました．海外に子どもを連れていく場合は，事前に病院を調べておくことが大切だと思いました．

GPにかかった場合の診察料は無料で，薬が出るときには処方箋をもらって薬局に行きます．乳幼児のワクチン接種も無料で受けられますが，イギリスのワクチン接種プログラムに従うことになります．娘の場合，日本で打てるワクチンをできるだけ接種してからエジンバラに移動し，エジンバラ滞在中の2年間はイギリスのワクチン接種プログラムに従って，まだ受けていないワクチンを接種してもらうことになりました．

ワクチンの接種時期になると自宅にNHSより通知が届きます．それをもってGPに行き，予防接種を受けました．日本では認可されていないMeningitis Cという髄膜炎の一種に対するワクチンもイギリスでは定期接種に組み込まれており，娘に接種することができました．逆に，日本で1年後に追加接種する予定のワクチンが接種できない場合もありました．日本の任意接種のようにお金を払ってもイギリスでは接種してもらうことができないので，日本に帰国してから遅れて接種することになりました．イギリスで接種してもらったワクチンは日本から持参した母子手帳に記載してもらうようにお願いしました．イギリス版の母子手帳（Red book）もいただいたので，2つの母子手帳に娘の成長を記録しました．

子どもの遊び場と子連れヨーロッパ旅行

エジンバラは雨が多いので，室内の遊び場が充実しています．すべり台やボールプールなどが組み込まれた大きなソフトプレイがあちらこちらにありました．少し足を伸ばせば牧場と遊び場が一緒になった施設がたくさんあり，動物

にエサをあげたり，ソフトプレイで遊んだりと，丸1日過ごすことができます．たいていの施設は食事ができる場所がついており（メニューはハンバーガーやマカロニチーズですが…），汽車や自転車などの乗りものも充実していました．大きなソフトプレイは日本ではあまり見かけないので，エジンバラで子育てをしてよかったと思う点です．

留学も1年を過ぎたころ，生活にも仕事にも慣れたので，休みのたびにヨーロッパの国々に出かけました．ネコはエジンバラの家で留守番をしてもらい，最長2泊3日の旅行でした（自動エサやり機を購入しました）．直行便で数時間飛べば，ヨーロッパの国々に旅行することができるので，時間を見つけて，パリ，ローマ，ミュンヘン，そして，ヨーロッパのハワイといわれるスペインのマヨルカ島へ行ってきました．娘はまだ小さかったので飛行機代はかからず，娘の昼寝時間にあわせたフライトを予約するようにして移動したので，たいていは飛行機のなかでお昼寝をしていました．エッフェル塔を見て「Tower」のポーズをしたり（写真4），マヨルカ島のビーチで水遊びをしたり，娘の記憶には残らないかもしれませんが，とても楽しい思い出になりました．

ヨーロッパの国々も魅力的でしたが，エジンバラのあるスコットランドにも見所がたくさんあります（写真5）．古城や修道院跡があちこちにあり，ネッシーで有名なネス湖もスコットランドにあります．車で数時間行けば，ハリーポッターの撮影に使われたアニック城に行くこともできます．娘は小さいながらも，立派な石造りのお城や広々とした芝生を楽しんでいました．

《写真4》エッフェル塔の下でTowerのポーズ

《写真5》エジンバラ城のみえる公園にて

娘の言葉の発達と英語

娘は生後7カ月〜2歳7カ月までの2年間，平日10時間は英語を話す保育士と子どもに囲まれて過ごしていました．娘のはじめての言葉は彼女の大好きな「おっぱい」でしたが（笑），出てくる単語は英語と日本語が半々に混ざっていました．保育園で覚えた英語の歌もよく歌ってくれました．外国の童謡（Nursery rhymesといいます）は知らなかったので，Youtubeで調べたり，Nursery rhymesのCDやDVDを買ったりして勉強しました．日本と共通する童謡もありますが，歌詞やリズムが微妙に違ったりします．日本でよく歌う「あたま・かた・ひざ・ポン」は「Head, Shoulders, Knees & Toes」となり，リズムも違います．よく聞くNursery rhymesには

「Itsy-Bitsy Spider」,「Ring-a-Ring-o' Roses」,「Row Row Row Your Boat」などがあります．一緒に指遊びをしたり，踊ったりと楽しい童謡です．

子育てで使う英単語も知らないものばかりだったので，保育園の先生や英国人の友人が話す単語から覚えました．おむつは「Nappy」, ハイハイは「Crawl」といい，片手タッチは「High five」, 両手タッチは「High ten」というなど，論文書きには使わない英単語ばかりで新鮮でした．

帰国当初の娘は私たち両親のことを「Daddy」「Mammy」とよんでいましたが，日本の保育園に通うようになると，あっという間に娘の話す言葉のなかから英語は消えていきました．せっかく覚えた英語がもったいないと英語の絵本を読み聞かせたりしていたのですが，次第に「日本語で読んで」というようになりました．子どもにとっては日本語を覚えたい時期で，そのときに無理やり英語を覚えさせようとするのはストレスになると知り，親ががんばって英語を日常に取り入れようとするのをやめました．1年ほど経つと，英語の絵本を持ってきても「英語と日本語と両方で読んで」というようになり，お風呂につかりながら1から10までを英語で数えたりするようになりました（なんとなく発音がいいように感じるのは親の願望でしょうか!?）．娘にとっては記憶に残らないであろうエジンバラ生活も，いつか将来，彼女の人生の糧になればと願うばかりです．

大切なのは"あきらめないこと"

妊娠がわかってからの3年間は新しいことばかりでした．今，こうやって振り返ると本当によくやったな，と思います．正直，娘が産まれてから数カ月間は育児が大変で，研究留学自体を断念して，育児留学にしようかと思ったこともありました．それでも，私がエジンバラで育児をしながら研究することを選んだのは，単に「あきらめが悪かった」からだと思います．そして，それを可能にしてくれたのは，生活・仕事全般を支えてくれる夫の存在が大きく，本当に感謝しています．また，日本でもスコットランドでも，理解あるSupervisorに恵まれたことも幸運であったと思います．

2年間の留学を終えて帰国するときも，私は夫の戻る仙台ではなく，自分がもといた研究室がある札幌に娘を連れて戻ることを決めました．これも私のまだ自分の研究を続けたいという「あきらめの悪さ」のせいですが，娘には寂しい想いをさせてしまい申し訳なかったです．それでも，いつかあのときあきらめなくてよかったと思えるように，いい研究を続けていけたらと思います．

（実験医学 2015年8月号〜11月号掲載，一部修正）

付録

世界各地の日本人研究者コミュニティ

世界中には多くの日本人研究者コミュニティがあります．各コミュニティの規模，構成メンバー，活動内容にはそれぞれ特徴があります．コミュニティ内で，メンバーは生活を支え合い，お互いの研究を切磋琢磨しています．UJA は，コミュニティ間・研究者間の交流をローカルからグローバルに発展させるためのプラットフォームの構築をめざしています．本付録では，UJA に参加している世界中の日本人研究者コミュニティを紹介します．

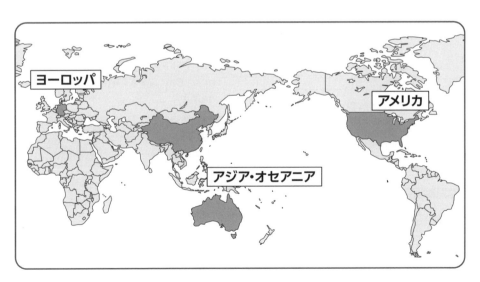

（本付録は各コミュニティからお寄せいただいた情報をまとめたものです）

アメリカ No.1

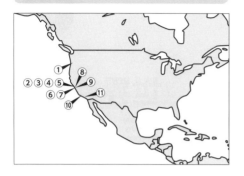

① Oregon Health & Science University (OHSU) 日本人会

URL —
所在 オレゴン州ポートランド
規模 約30名
主な大学・研究機関 Oregon Health & Science University (OHSU)
特徴 OHSUに勤務する研究者・医療従事者をはじめとしてオレゴン州に縁のある研究者・医療従事者のためのコミュニティです．日常的な事柄から学術的な事柄まで，形式ばらずcommunicableな組織として活動しています．

② Japanese San Francisco Bay Area Seminar（略称：BAS）

URL http://bayareaseminar.blog42.fc2.com
所在 カルフォルニア州サンフランシスコ（事務局）
規模 約300名
主な大学・研究機関 カリフォルニア大学サンフランシスコ校，同大学バークレー校，同大学デービス校，ローレンス・バークレー国立研究所，スタンフォード大学，サンフランシスコ・ベイエリア／シリコンバレーの企業
特徴 サンフランシスコ・ベイエリアの医学・生命科学系の日本人研究者に，セミナーおよびネットワークの機会を提供するNPO団体です．

③ UCSF日本人会

URL http://ucsfjapan.wixsite.com/ucsfjapanese
所在 カルフォルニア州サンフランシスコ
規模 約100名
主な大学・研究機関 カルフォルニア大学サンフランシスコ校（UCSF）
特徴 UCSFに在籍する日本人どうしの情報コミュニケーションをサポートしています．さらに，新たなネットワークの構築もしています．

④ UCSF日本人医師の集い（UCSF Japanese Medical Doctors Network）

URL http://uja-info.org/communities/ucsf_jdr/
所在 カリフォルニア州サンフランシスコ・ベイエリア
規模 約40名（帰国後会員約70名）
主な大学・研究機関 カルフォルニア大学サンフランシスコ校（UCSF）
特徴 UCSFに留学中・留学歴のある医療従事者が，SNSや懇親会を通じて情報を共有共助できるネットワーク形成を促進しています．

⑤ ベイエリア日本人整形外科の会（Japanese Bay Area Orthopaedic Community）

URL http://uja-info.org/communities/jbaoc/
所在 カリフォルニア州サンフランシスコ・ベイエリア
規模 約10名（帰国後会員約20名）
主な大学・研究機関 カリフォルニア大学サンフランシスコ校，スタンフォード大学，サンノゼ州立大学，カイザー・パーマネンテ医療センター
特徴 整形外科・リハビリ・スポーツ医学に携わる日本人研究者・医療従事者が，日米間の交流を通じてネットワークを広げています．

⑥ スタンフォード日本人会（Stanford Japanese Association）

URL http://http://web.stanford.edu/group/SJA/eng_index.html
所在 カリフォルニア州スタンフォード
規模 約200名
主な大学・研究機関 スタンフォード大学
特徴 当会は主に年3回の会食パーティーを開催するほか，生活情報の共有や地域の日本関連企業・団体との親睦を深めるための活動を行っております．

⑦ Life Science in Japanese（LSJ）

URL http://lsjapan.exblog.jp/
所在 カリフォルニア州スタンフォード
規模 約100名
主な大学・研究機関 スタンフォード大学，カーネギー研究所，NASAエームズ研究センター
特徴 学内外から演者を募りライフサイエンスに関する多種多様なテーマを日本語で議論する定例会や，年1回のカリフォルニア大学サンフランシスコ校/バークレー校他との交流会を主催している．

⑧ Japan Bio Community（JBC）

URL http://www.jbcbio.org/
所在 カリフォルニア州レッドウッドシティー
規模 約900名（メーリングリスト登録者）
主な大学・研究機関 サンフランシスコ・ベイエリアの大学，研究機関，企業など
特徴 サンフランシスコ・ベイエリアのバイオにかかわる人たちが，分野，専門，出身，年齢などに関係なく交流できる場となることをめざし，2002年に発足．米国IRS登録NPO．

⑨ 米国ベイエリア慈恵会

URL Facebook
所在 カリフォルニア州サンフランシスコ・ベイエリア・パロアルト
規模 約10名
主な大学・研究機関 スタンフォード大学，カルフォルニア大学サンフランシスコ校（UCSF），NASAエイムズ研究センター
特徴 サンフランシスコ・ベイエリア・パロアルトに在住している慈恵医大関係者の会として，他団体との交流や訪問者対応をしております．

⑩ サンタバーバラ日本人勉強会（Science On the Beach：SOB）

URL メーリングリストのみ：https://groups.google.com/forum/#!forum/science-on-the-beach
所在 カリフォルニア州サンタバーバラ
規模 約20名
主な大学・研究機関 カリフォルニア大学サンタバーバラ校（UCSB）
特徴 UCSBで1〜2カ月に1回ほどセミナーを開催しており，興味があれば誰でも参加できます．ダイバースなトピックを誰でも理解できるよう心がけています．

⑪ Southern California Japanese Scholars Forum（SCJSF）

URL http://www.scjsf.org
所在 カリフォルニア州ロサンゼルス
規模 登録者約500名
主な大学・研究機関 カリフォルニア大学ロサンゼルス校，同大学アーバイン校，南カリフォルニア大学，カリフォルニア工科大学，NASAジェット推進研究所，その他企業研究所
特徴 SCJSFはロサンゼルスを中心とした大学や企業に所属する日本人研究者，学生，大学院生また短期長期留学生，そして起業家などの方々に交流の場をご提供しています．2, 3カ月おきにさまざまな研究分野における専門家を数名招聘して講演会を開催しています．

アメリカ　No.2

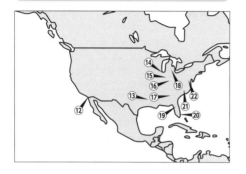

⑫ San Diego Japan Bio Forum (SDJBF)

- **URL** http://sdjbioforum.org/
- **所在** カリフォルニア州サンディエゴ
- **規模** 約270名
- **主な大学・研究機関** カリフォルニア大学サンディエゴ校，スクリプス研究所，ソーク研究所，サンフォード・バーナム・プレビス医学研究所
- **特徴** 2011年春に日本人有志研究者たちによって設立され，アカデミア・企業を問わずサンディエゴで活躍する日本人研究者どうしが知り合い，交流できる場を提供しています．

⑬ 近大・ルイジアナ州立大学国際化同窓会

- **URL** https://www.facebook.com/Kindai-LSU-Multiple-Sclerosis-Research-Team-211918412199132/?fref=ts
  https://www.researchgate.net/project/Kindai-University-Internationalization
- **所在** ルイジアナ州シュリーブポート，大阪府大阪狭山市
- **規模** 約10名
- **主な大学・研究機関** ルイジアナ州立大学医学部，アイオワ大学医学部，ユタ大学医学部，近畿大学医学部
- **特徴** アメリカのルイジアナ州立大学，ユタ大学医学部，アイオワ大学医学部の現役，OB，家族と日本の近畿大学医学部を中心とする留学研究者を結ぶネットワークです．医学生の留学，USMLE受験などの補佐もしています．

⑭ Japanese Researchers Crossing in Chicago (JRCC；シカゴ周辺の日本人研究者による研究交流会)

- **URL** http://jrc-c.blogspot.com
- **所在** イリノイ州シカゴ
- **規模** 約40名
- **主な大学・研究機関** イリノイ大学シカゴ校，シカゴ大学，ノースウエスタン大学
- **特徴** ノースウエスタン大学やシカゴ大学などを中心に，シカゴ近辺の研究者(留学予定者)に情報を提供するためのコミュニティです．

⑮ Indy Tomorrow (インディアナ州 研究者の会)

- **URL** https://www.facebook.com/groups/729116560542133
- **所在** インディアナ州
- **規模** 約40名
- **主な大学・研究機関** インディアナ大学，パデュー大学，イーライ・リリー社
- **特徴** 日本人研究者の交流と研究発展を目的に，研究セミナー，若手研究者を対象にした優秀論文賞，大学間国際交流支援などを行っています．

⑯ UC-Tomorrow

- **URL** https://goo.gl/uawMqa
- **所在** オハイオ州シンシナティ
- **規模** 約80名
- **主な大学・研究機関** シンシナティ大学，シンシナティ小児病院メディカルセンター
- **特徴** 特Aクラスの住みやすい街．全米トップの小児病院を有すサイエンスの隠れメッカにて，基礎と臨床研究者が絶妙のバランスでつながるコミュニティです．

⑰ アトランタ日本人研究者の会

URL https://www.facebook.com/groups/1672061929701877/
所在 ジョージア州アトランタ
規模 約50名
主な大学・研究機関 エモリー大学，ジョージア工科大学，ジョージア州立大学，アメリカ疾病管理予防センター（CDC）
特徴 アトランタで働く研究者と学生などの集まりです．2カ月に1回の頻度で勉強会＋交流会を行っております．お酒飲みながらのリラックスした会です．

⑱ ミシガン金曜会

URL https://www.facebook.com/groups/michigankinyoukai/
所在 ミシガン州アナーバー
規模 約70名
主な大学・研究機関 ミシガン大学
特徴 ミシガン大学の研究者を中心に，ビジネススクールや他分野の大学院生なども集う会で，日常の情報交換や研究会，BBQ，忘年会などを開催しています．

⑲ 日本人勉強会（Japanese Association for Integral Studies in Florida）

URL http://gnvjapanese.wixsite.com/fjais
所在 フロリダ州ゲインズビル
規模 約20名
主な大学・研究機関 フロリダ大学
特徴 各分野を極めているプロフェッショナルな方々を月に1度招待し，自身の興味や研究内容について講演・議論していただく機会を設けています．その後は懇親会を通してコミュニティーの親睦を深めています．

⑳ マイアミ医学生物研究グループ

メール med.miami.japan@gmail.com
所在 フロリダ州マイアミ
規模 約20名
主な大学・研究機関 マイアミ大学の医学部，病院
特徴 日本人研究者のグループで渡米，帰国，生活の情報交換を行っています．年に数回，交流会としてビーチでBBQを行っています．

㉑ RTP金曜会

URL https://www.facebook.com/groups/297345600343272/
所在 ノースカロライナ州リサーチトライアングル（RTP）
規模 約80名（メーリングリスト登録者）
主な大学・研究機関 ノースカロライナ大学チャペルヒル校，デューク大学，ノースカロライナ州立大学，米国環境健康科学研究所（NIEHS），RTP周辺製薬企業など
特徴 ノースカロライナ州RTP周辺で活躍する日本人研究者を対象とし，研究発表あるいは，人脈構築の場を提供．隔月の最終金曜日に開催しています．

㉒ NIH金曜会

URL http://nih-kinyokai.blogspot.com/
https://www.facebook.com/NIH.kinyokai/
所在 メリーランド州ベセスダ
規模 約150名
主な大学・研究機関 国立衛生研究所（NIH）
特徴 毎月のセミナー，懇親会を通じたDC周辺研究者の交流に加え，JSPSや大使館と連携し，政府関係の方々や学生にNIH訪問への対応なども行っております．

アメリカ　No.3

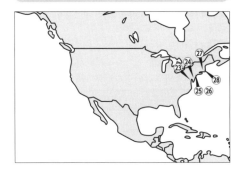

㉓ ボルチモア日本人研究会（Japanese Science Seminar in Baltimore：JSSB）

URL http://www.jssbaltimore.com/
所在 メリーランド州ボルチモア
規模 約130名（メーリングリスト登録者）
主な大学・研究機関 ジョンズ・ホプキンス大学
特徴 月に1回セミナーを開催．生物学・医学分野が主だが，ジャンルを問わず日本人研究者どうしの学際的な交流を支援する会でありたい．

㉔ フィラデルフィア日本人勉強会

URL http://www.facebook.com/#!/groups/388025777901900/
所在 ペンシルベニア州フィラデルフィア市
規模 約50名
主な大学・研究機関 ペンシルベニア大学，テンプル大学，トーマスジェファーソン大学
特徴 フィラデルフィアに在住する日本人を中心とした文理混合の勉強会．毎月開催される勉強会を通じ，職種・専門を超えた交流を行う．

㉕ ニューヨーク日本人理系勉強会（JASS）

URL http://jass-newyork.webnode.com
所在 ニューヨーク州ニューヨーク
規模 約50名
主な大学・研究機関 コロンビア大学，ロックフェラー大学，コーネル大学，メモリアル・スローン・ケタリングがんセンター，マウント・サイナイ医科大学，アルベルト・アインシュタイン医学校
特徴 ビールを片手にサイエンスを学び合うアットホームな勉強会です．物理，化学，生物医学，工学など幅広い研究者が集まります．

㉖ JMSA New York Life Science Forum

URL http://jmsa-nyc-forum.org/
（主催団体JMSAに関してはhttp://www.jmsa.org/）
所在 ニューヨーク州マンハッタン
規模 約250〜300名
主な大学・研究機関 ニューヨーク大学，ロックフェラー大学，メモリアル・スローン・ケタリングがんセンター，ワイルコーネル大学医学部，マウント・サイナイ医科大学，アルベルト・アインシュタイン医科大学，コロンビア大学など
特徴 NY近辺の医療および生命科学研究に携わる日本人研究者を集めた年一度開催されるフォーラム．また，子どもたちへの科学の普及を目的として派生したJMSA New York Life Science Forum Kidsも開催中．

㉗ ボストン日本人研究者交流会（BJRF）

URL http://www.boston-researchers.jp
所在 マサチューセッツ州
規模 約1,200名（メーリングリスト登録者）
主な大学・研究機関 マサチューセッツ工科大学，ハーバード大学，タフツ大学，ボストン大学など
特徴 当会は，ボストン界隈に住んでいる幅広い分野の日本語話者が集い，知的な議論を交わし，ネットワークを構築するためのコミュニティです．

㉘ いざよいの夕べ勉強会

URL —
所在 マサチューセッツ州ボストン
規模 134名
主な大学・研究機関 ハーバード大学，マサチューセッツ工科大学，ボストン大学，など
特徴 三度の飯よりサイエンスが好きな"サイエンスびと"が，年齢・肩書きの垣根をこえて心打ち解け切磋琢磨するコミュニティです．

ヨーロッパ

㉙ ドイツ分子生物学ネットワーク

URL https://sites.google.com/site/mbsj-deutsch/
所在 ドイツ語圏
規模 約30名程度
主な大学・研究機関 マックス・プランク生物物理化学研究所
特徴 ドイツ生活のサポートとメーリングリストによる情報共有．不定期開催の交流会/勉強会．JSPSボン支部との連携．

アジア・オセアニア　No.1

㉚ Japanese Association of Scientists in Singapore

URL https://www.facebook.com/JASS.information/
所在 シンガポール
規模 約50名（登録は350名ほど）
主な大学・研究機関 シンガポール国立大学，南洋理工大学，シンガポール科学技術研究庁（A*STAR），早稲田バイオサイエンスシンガポール研究所，各企業，医療機関，など
特徴 在星の日本人研究者のために研究発表や情報交換の場を提供しています．研究紹介セミナーを月1回開催．懇親会も催しています．

㉛ 在中日本人研究者の会

URL http://www.sti-lab.org/japan.html
所在 中国上海市松江区辰花路3888号
規模 約20名
主な大学・研究機関 江南大学，中国科学院 上海植物逆境生物学研究中心，中国科学院 西双版納熱帯植物園，復旦大学，福建農林大学，北京大学
特徴 在中日本人研究者が円滑に研究をスタートできるようにサポートすること，情報交換できる場になることをめざしています．

アジア・オセアニア　No.2

㉜ シドニー日本人研究者会

- **メール** ujasydney@gmail.com
- **所在** オーストラリア シドニー
- **規模** 約15名
- **主な大学・研究機関** シドニー大学, ニューサウスウエールズ大学, ビクター・チャン心臓病研究所
- **特徴** メンバーは主に医学, 生物学系研究者, 留学者です．数カ月に一度の懇親会を開催しております．

おわりに

　実験医学×UJAコラボ連載「留学のすゝめ！」に端を発した本企画の単行本「研究留学のすゝめ！」発刊のまとめ役を仰せつかり，不慣れで不器用なアプローチでしたが，こうして留学を通じた研究者のキャリア形成に興味をもってくださる皆さまのお手元に本書をお届けすることができ，大きな感動を覚えています．

　本企画は佐々木さんをはじめとするUJAのメンバー，カガクシャ・ネットの武田さん，杉村さんなど，たくさんの方々のサポートをいただき，1つの作品をつくり上げることができました．また短い時間だったにもかかわらず，心のこもった原稿や貴重な試料をご寄稿，ご提供くださった諸先生方には，深謝の意を表させていただきます．紙面の都合上，本書への掲載は一部の先生のご寄稿に限られてしまいましたが，これからの日本のサイエンスを担う後輩たちへの熱い思いを感じるに余りあるご寄稿にたいへん感激しました．

　私たち編集部メンバーは，本書がこれから留学を志す，または留学中で思い悩んでいる研究者の方々の心に響く内容になるようにと，尽力してきました．同時に，私も含め編集にかかわった多くのメンバーが，留学中もしくは留学後のキャリアの真っただ中であり，コラムやご寄稿からたくさんの金言を授かりました．佐々木さんの言葉を借りますが，"私たちは等しくサイエンスのもとに学び，サイエンスのさらなる発展に貢献する仲間"です．本書を通じて，思いを同じくしてくれる仲間に"知の種"が届き，世界中でたくさんの花が咲き，大きな実りを生み出すことを心より願っています．

　最後になりますが，本書全体にわたり貴重なご意見をくださった西田敬二さん，村井純子さん，また編集制作，校正作業を含めて多大なるお力添えをくださった羊土社 尾形佳靖さん，中川由香さんに心より御礼申し上げます．

UJA編集部代表　坂本直也

編者・著者一覧

UJA
（五十音順）

[ ]内は執筆担当の章

今井祐記 いまい ゆうき　[第12章]

愛媛大学プロテオサイエンスセンター／大学院医学系研究科／学術支援センター・教授

留学先 ダナ・ファーバーがん研究所／ハーバードメディカルスクール（アメリカ）

今が，あなたの100％ではありません．留学により，異なる環境や文化からいろいろなことを吸収することで，ヒトとしても研究者としても，確実により大きく深く成長できます．本書で生まれた"つながり"を道標に，自らの決断でさらなる成長への一歩を踏み出そうではありませんか．

岩渕久美子 いわぶち くみこ

ロズウェルパークがん研究所・ポストドクトラルリサーチアフィリエイト

留学先 エディンバラ大学SCRM（イギリス），ボストン小児病院／ジョスリン糖尿病センター／ハーバードメディカルスクール（アメリカ）

今や日本はサイエンス各分野の最先端を走る国の1つになりましたが，それでもなお異なる文化バックグラウンドに身を置いて研究をすることには違った価値があります．外から日本を見なければ気づかないことも多くあります．研究者の舞台が世界中にあることをぜひ体感してください．もしかしたら，あなたの楽園は日本ではないかも？

大森晶子 おおもり あきこ　[留学体験記5]

パドヴァ大学・FP7-DTIポスドクフェロー

留学先 パドヴァ大学（イタリア）

今や研究留学は特別なものでなくなり日本の研究は高水準．だけど自分の研究で生計をたて，歴史・文化の違う国で研鑽を積む．価値観が覆される0

からのスタート，UJAの先輩たちから学び，一緒に挑戦しませんか．

川上聡経 かわかみ あきのり　[第7章，付録（編集）]

マサチューセッツ総合病院／ハーバードメディカルスクール・講師

留学先 ハーバード大学（アメリカ）

留学は，私たちが研究者として人として成長するよい機会となります．少しでも留学に興味のある方は，思い切って留学してみましょう．きっと日本では得ることのできない貴重な経験をすることができるでしょう．

黒田垂歩 くろだ たるほ　[第14章]

バイエル薬品株式会社オープンイノベーションセンター・アライアンスマネージャー／主幹研究員

留学先 ダナ・ファーバーがん研究所／ハーバードメディカルスクール（アメリカ）

留学を志す人は，ぜひ勇気をもって一歩前に踏み出してください．大成功を収めるチャンスは日本にいるよりも増えますし，もしそうならなくても，留学先で必死に努力した成果は必ず自分の財産となります．それは，その後のキャリアを歩むうえでの強い武器となることを，私は確信しています．

小藤香織 こふじ かおり

シンシナティ大学・リサーチアシスタント

本書が研究留学に興味のある方々の助けとなることを心から願っています．

坂本直也 さかもと なおや　[第9・12章]

広島大学・助教

留学先 ミシガン大学（アメリカ）

留学は研究者のキャリアを彩る大事なワンステップです．私自身，できるかぎりの情報を集め，留学準備や留学生活に生かすことは成功への近道だと信じています．本書やUJAホームページの留学

体験記が皆さんのお役に立てば嬉しいかぎりです．

佐々木敦朗 ささき あつお　[第0・1・2・3・5・6・8・11章]
シンシナティ大学・准教授

留学先 カリフォルニア大学サンディエゴ校，ハーバード大学（アメリカ）

研究人生，計画どおりにはいかないことも計画の1つとして，いっそ楽しむ手があります．失敗と思えることほど，後でよい経験として効いてきます．そして一生使えるネタになります（笑）．ぜひ，もちネタを増やしつつ，日常のなかにも喜びを！

髙井菜美 たかい なみ　[第10章]

パートナーの留学に同行することは多かれ少なかれ不安や犠牲がつきまといますが，その先にはかけがえのない出会いや体験が必ずあります．同じような境遇の仲間もできます．このまたとないチャンスをパートナーとともにつかみとってほしいと思います．

中川　草 なかがわ そう　[第12章]
東海大学医学部分子生命科学・助教

留学先 ハーバード大学（アメリカ）

実験医学誌での連載に留学体験を寄稿してくださった皆様に感謝．本単行本を読んで留学を決めた方，体験記の成功・失敗談を参考に，海外での研究も生活も楽しんでください．次はあなたの留学体験記をUJA編集部までお寄せください！

西田敬二 にしだ けいじ
神戸大学科学技術イノベーション研究科・特命准教授

留学先 ハーバード大学（アメリカ）

研究者として大切なことは，既存の枠や常識にとらわれずに自由な発想をもつことでしょう．日常の生活も含めて今までの常識が通じない体験を通して，本当の意味での思想の自由とその重みに気づくことができるはずです．自分のなかの新しい世界へ踏み出しましょう．

早野元詞 はやの もとし　[第4・13章]
ハーバードメディカルスクール・リサーチフェロー

留学先 ハーバードメディカルスクール（David A. Sinclairラボ）（アメリカ）

海外に出ることで日本では出会えない多くの先輩方や仲間と出会います．夜な夜な議論を重ねるうちに不安だった自分の将来像が少しずつ固まっていき，研究者とは違う道を選んだとしても経験や人とのつながりは今何十年先の未来にも影響を与えます．実験なんて99％失敗の連続なんだから，研究者としてまずはチャレンジあるのみ！貴重なサンプル（体験，財産）を得てみませんか？

本間耕平 ほんま こうへい　[第12章]
日本医科大学大学院医学研究科・助教

留学先 国立衛生研究所（NIH）（アメリカ）

海外に行くと何がよいか？UJAのウェブコラムでもたくさんの方がいわれているように，いろいろな人と出会えることだと思います．いろんな考えに触れ，日本人として，日本（のサイエンス）を見つめ直す絶好の機会だと思います．ぜひ，楽しんで世界とつながってください．

谷内江 望 やちえ のぞむ
東京大学先端科学技術研究センター・准教授

留学先 ハーバード大学（アメリカ），トロント大学（カナダ）

私は「今日もがんばろう」と毎日通ったボストンやトロントの街並，ベンチの上で信念を固めながらやったたくさんの実験，友人たちの顔を一生忘れることができません．人生は一度きり．成長と感動は困難と勇敢と刺激から得られます．思い切って足を踏み出してみてください！

カガクシャ・ネット
（五十音順）
[　]内は執筆担当の章

杉村竜一 すぎむら りょういち　　[第15章, 留学体験記15]

ボストン小児病院／ハーバードメディカルスクール・リサーチフェロー

[留学先] ストワーズ医学研究所（アメリカ）

質のよいサイエンスとキャリアをめざしてください．

武田祐史 たけだ ゆうじ　　[第15章]

ブリガム＆ウィメンズ病院／ハーバードメディカルスクール・リサーチフェロー

[留学先] タフツ大学医療工学科（博士課程卒業）（アメリカ）

大学院からでもポスドクからでも，留学はあくまでキャリアアップや夢をかなえるための手段であり，ゴールではありません．留学前から，そして留学中も，留学後のキャリアについて真剣に考え，準備や努力を怠らないようにしましょう．

ご寄稿いただいた方々
（執筆順）
[　]内は執筆担当の項目

山中伸弥 やまなか しんや　　[留学体験記1]

京都大学iPS細胞研究所

[留学先] グラッドストーン研究所（アメリカ）

神田真司 かんだ しんじ　　[留学体験記2]

東京大学大学院理学系研究科

[留学先] 国立衛生研究所（NIH）（アメリカ）

宮道和成 みやみち かずなり　　[留学体験記3]

東京大学大学院農学生命科学研究科

[留学先] スタンフォード大学（アメリカ）

齊藤亮一 さいとう りょういち　　[留学体験記4]

京都大学大学院医学研究科

[留学先] ノースカロライナ大学ラインバーガーがん研究所（アメリカ）

山下由起子 やました ゆきこ　　[留学体験記6]

ミシガン大学生命科学研究所

[留学先] スタンフォード大学医学部（アメリカ）

井上　梓 いのうえ あずさ　　[留学体験記7]

ハーバードメディカルスクール

[留学先] ハーバードメディカルスクール（アメリカ）

編者・著者一覧

河野恵子 こうの けいこ　　　　　［留学体験記 8］
名古屋市立大学医学研究科
留学先 ダナ・ファーバーがん研究所 / ハーバードメディカルスクール（アメリカ）

大須賀 覚 おおすか さとる　　　　　［留学体験記 9］
エモリー大学脳神経外科
留学先 エモリー大学（アメリカ）

三好知一郎 みよし ともいちろう　　　　　［留学体験記 10］
京都大学大学院生命科学研究科
留学先 ミシガン大学医学部（アメリカ）

三好美穂 みよし みほ　　　　　［留学体験記 10］

五十嵐和彦 いがらし かずひこ　　　　　［留学体験記 11］
東北大学大学院医学系研究科
留学先 シカゴ大学（アメリカ）

森 正樹 もり まさき　　　　　［留学体験記 12］
大阪大学大学院医学系研究科
留学先 ニューイングランドデコネス病院，ダナ・ファーバーがん研究所 / ハーバードメディカルスクール（アメリカ）

柏木 哲 かしわぎ さとし　　　　　［第 13 章コラム］
Vaccine and Immunotherapy Center/ マサチューセッツ総合病院 / ハーバードメディカルスクール・PI
Email: skashiwagi@mgh.harvard.edu
留学先 Vaccine and Immunotherapy Center/ マサチューセッツ総合病院 / ハーバードメディカルスクール（アメリカ）

小林弘一 こばやし こういち　　　　　［留学体験記 13］
テキサス A&M 大学医学部
留学先 イエール大学医学部（アメリカ）

門谷久仁子 かどや くにこ　　　　　［第 14 章コラム］
アラガン社・上級研究員
留学先 サンフォードバーナムプリビス医学研究所（アメリカ）

松井稔幸 まつい としゆき　　　　　［留学体験記 14］
製薬会社
留学先 ブロード研究所（アメリカ）

小林純子 こばやし じゅんこ　　　　　［留学体験記 16］
北海道大学大学院医学研究科
留学先 エジンバラ大学（イギリス）

本書は小誌『実験医学』連載「UJA Presents 留学のすゝめ！」（2015年5月号～12月号，全8回）
に加筆・修正を加え，単行本化したものです．

研究留学のすゝめ！
渡航前の準備から留学後のキャリアまで

2016年12月15日 第1刷発行	編　集	UJA
2019年 3月25日 第2刷発行		（海外日本人研究者ネットワーク）
	編集協力	カガクシャ・ネット
	発行人	一戸裕子
	発行所	株式会社 羊 土 社
		〒101-0052
		東京都千代田区神田小川町2-5-1
		TEL　　03（5282）1211
		FAX　　03（5282）1212
		E-mail　eigyo@yodosha.co.jp
ⓒ YODOSHA CO., LTD. 2016		URL　　www.yodosha.co.jp/
Printed in Japan	装　幀	トサカデザイン（戸倉巌，小酒保子）
ISBN978-4-7581-2074-6	印刷所	日経印刷株式会社

本書に掲載する著作物の複製権，上映権，譲渡権，公衆送信権（送信可能化権を含む）は（株）羊土社が保有します．
本書を無断で複製する行為（コピー，スキャン，デジタルデータ化など）は，著作権法上での限られた例外（「私的使用のための複製」など）を除き禁じられています．研究活動，診療を含み業務上使用する目的で上記の行為を行うことは大学，病院，企業などにおける内部的な利用であっても，私的使用には該当せず，違法です．また私的使用のためであっても，代行業者等の第三者に依頼して上記の行為を行うことは違法となります．

JCOPY ＜（社）出版者著作権管理機構　委託出版物＞
本書の無断複写は著作権法上での例外を除き禁じられています．複写される場合は，そのつど事前に，（社）出版者著作権管理機構（TEL 03-5244-5088, FAX 03-5244-5089, e-mail : info@jcopy.or.jp）の許諾を得てください．

羊土社のオススメ書籍

理系英会話アクティブラーニング1
テツヤ、国際学会いってらっしゃい
[発表・懇親会・ラボツアー]編

Kyota Ko, Simon Gillett／著，
近藤科江，山口雄輝／監

英語で質疑応答！懇親会での自然な談笑の始め方！理系ならではの場面に応じた英語フレーズが一目瞭然，真のコミュニケーション力を身につけるため，web動画と演習で，さあ，あなたもアクティブラーニング！

■ 定価（本体2,400円＋税）　■ A5判
■ 199頁　■ ISBN 978-4-7581-0845-4

理系英会話アクティブラーニング2
テツヤ、ディスカッションしようか
[スピーチ・議論・座長]編

Kyota Ko, Simon Gillett／著，
近藤科江，山口雄輝／監

日常的に英会話が必要，外国人研究者とのディスカッション，留学する…「こうした点を踏まえると」などスムーズな会話を実現するフレーズがまるわかり，「伝わる」英会話力を身につけましょう．web動画付

■ 定価（本体2,200円＋税）　■ A5判
■ 206頁　■ ISBN 978-4-7581-0846-1

日本人研究者のための120％伝わる
英語対話術
ネイティブの発音＆こなれたフレーズで
研究室・国際学会を勝ち抜く英語口をつくる！

浦野文彦，
Marjorie Whittaker,
Christine Oslowski／著

伝わってるか自信がない…そんな不安を吹き飛ばそう！米国で活躍中の日本人研究者＆ネイティブ英語教師の強力タッグで，通じる発音のポイント，ラボ・学会で伝わるフレーズを伝授．さあ，英語でコミュニケーション！

■ 定価（本体3,800円＋税）　■ B5判
■ 190頁　■ ISBN 978-4-7581-0844-7

日本人研究者のための絶対できる
英語プレゼンテーション

Philip Hawke, Robert F. Whittier／著，
福田 忍／訳，
伊藤健太郎／編集協力

スクリプト作成・スライド・発音・身振り・質疑応答と，英語プレゼンに必要なスキル，ノウハウをこの1冊で完全網羅！英文例，チェックリスト，損をしない豆知識など知りたいことのすべてが詰まった指南書の決定版！

■ 定価（本体3,600円＋税）　■ B5判
■ 207頁　■ ISBN 978-4-7581-0842-3

発行　羊土社 YODOSHA　〒101-0052 東京都千代田区神田小川町2-5-1　TEL 03(5282)1211　FAX 03(5282)1212
E-mail： eigyo@yodosha.co.jp
URL： www.yodosha.co.jp/
ご注文は最寄りの書店，または小社営業部まで

羊土社のオススメ書籍

研究者・留学生のための
アメリカビザ取得完全マニュアル

大藏昌枝／著
大須賀 覚，野口剛史／監

「留学でビザが必要になる，でも手続きは独力でやらないと…」そんな方への手引書です．必要書類の一覧と記入例はもちろん，大使館面接の注意点，Q&A集など，新規取得に必要十分な情報を，米国移民法弁護士が解説

- 定価（本体3,200円＋税） ■ A5判
- 173頁 ■ ISBN 978-4-7581-0849-2

はじめてでもできてしまう
科学英語プレゼン
"5S"を学んで、いざ発表本番へ

Philip Hawke，太田敏郎／著

ネイティブ英語講師が教える理系の英語での伝え方「基礎の基礎」．手順をStory，Slides，Script，Speaking，Stageの5Sプロセスに整理．これに倣えばはじめてでも立派に準備できる！

- 定価（本体1,800円＋税） ■ A5判
- 127頁 ■ ISBN 978-4-7581-0850-8

音声DL版
国際学会のための科学英語絶対リスニング
ライブ英語と基本フレーズで英語耳をつくる！

山本 雅／監，田中顕生／著，
Robert F.Whittier／著・英語監修

国際学会の前にリスニング力が鍛えられる実践本！基本単語・フレーズ集・発表例・ライブ講演の4Step構成で効果的に耳慣らしができます！ノーベル賞受賞者の生の講演も収録．大好評書籍の音声ダウンロード版．

- 定価（本体4,300円＋税） ■ B5判
- 182頁 ■ ISBN 978-4-7581-0848-5

トップジャーナル395編の
「型」で書く医学英語論文
言語学的Move分析が明かした執筆の武器になるパターンと頻出表現

河本 健，石井達也／著

医学英語論文をもっとうまく！もっと楽に！論文を12のパート（Move）に分け，書き方と頻出表現を解説．執筆を劇的に楽にする論文の「型」とトップジャーナルレベルの優れた英語表現が身につきます！

- 定価（本体2,600円＋税） ■ A5判
- 149頁 ■ ISBN 978-4-7581-1828-6

発行　羊土社 YODOSHA　〒101-0052　東京都千代田区神田小川町2-5-1　TEL 03(5282)1211　FAX 03(5282)1212
E-mail：eigyo@yodosha.co.jp
URL：www.yodosha.co.jp/
ご注文は最寄りの書店，または小社営業部まで